U0305770

主编简介

高学金 男，中共党员，博士，副教授，硕士生导师，北京市中青年骨干教师。曾任北京工业大学党委研究生工作部部长兼研究生院副院长，现任机电学院党委书记。兼任数字社区教育部工程研究中心常务副主任、中国自动化学会青年工作委员会委员、中国学位与研究生教育学会会员。

任永方 女，中共党员，副研究员，毕业于首都师范大学和北京工业大学，长期从事大学生思想政治教育理论与实践的研究，先后承担北京高校学生事务研究项目6项、校级教育教学研究等项目6项，曾发表论文15篇。

内容简介

为积极推进素质教育，培养学生的创新精神，提高创新能力，继承和发扬北京工业大学近六十年形成的"知行结合、重在创新"的工大特色，我校通过搭建科技节大舞台，让学生们展示科技成果、树立青春榜样，弘扬科学精神。

科技成果展作为科技节的重要组成部分，展示了来自我校各部院所、研究生工程实训室、校外产学研合作基地的师生科技创新作品。本书将2011年至2016年科技成果展精选出的科技作品编辑成册，传承科学精神，营造良好学风。

高校校园文化建设成果文库

北京高校学生事务研究项目《面向未来职业的学生发展引导与服务》

科 创 之 路

北京工业大学科技节科技成果汇编
（2011年—2016年）

主　编◎高学金　　任永方

副主编◎李晓京　　关博文

光明日报出版社

图书在版编目（CIP）数据

科创之路：北京工业大学科技节科技成果汇编：
2011年—2016年 / 高学金，任永方主编 . -- 北京：
光明日报出版社，2018.3

ISBN 978 - 7 - 5194 - 4079 - 4

Ⅰ.①科… Ⅱ.①高…②任… Ⅲ.①工业技术—科技
成果—汇编—北京—2011 - 2016 Ⅳ.①T

中国版本图书馆 CIP 数据核字（2018）第 052677 号

科创之路——北京工业大学科技节科技成果汇编：**2011 年—2016 年**
KECHUANG ZHILU——BEIJING GONGYE DAXUE KEJIJIE KEJI
CHENGGUO HUIBIAN：2011NIAN—2016NIAN

主　　编：高学金　　任永方

责任编辑：许　怡　　　　　　责任校对：赵鸣鸣
封面设计：中联学林　　　　　责任印制：曹　净

出版发行：光明日报出版社

地　　址：北京市西城区永安路 106 号，100050

电　　话：010 - 63131930（邮购）

传　　真：010 - 67078227，67078255

网　　址：http：//book. gmw. cn

E - mail：xuyi@ gmw. cn

法律顾问：北京德恒律师事务所龚柳方律师

印　　刷：三河市华东印刷有限公司

装　　订：三河市华东印刷有限公司

本书如有破损、缺页、装订错误，请与本社联系调换，电话：010 - 67019571

开　　本：170mm×240mm

字　　数：406 千字　　　　　印　张：24

版　　次：2019 年 1 月第 1 版　　印　次：2019 年 1 月第 1 次印刷

书　　号：ISBN 978 - 7 - 5194 - 4079 - 4

定　　价：88. 00 元

序　言

　　加强和改进大学生思想政治教育,提高大学生的思想政治素质,把他们培养成为社会主义事业的合格建设者和可靠接班人,是我国高等教育事业必须始终高度重视和认真落实的根本问题。高校学生工作是大学生思想政治教育工作的重心,是高等教育的重要组成部分。结合党的十八大精神和全国高校思想政治工作会议精神,北京工业大学学生工作深入贯彻科学发展观,落实中共中央、国务院《关于进一步加强和改进大学生思想政治教育的意见》,不断探索学生工作的方法、载体、途径,努力增强思想政治工作的实效。

　　北京工业大学创建于1960年,是一所以工为主,理、工、经、管、文、法、艺术相结合的多科性市属重点大学。1981年成为国家教育部批准的第一批硕士学位授予单位,1985年成为博士学位授予单位。1996年12月,学校通过国家"211工程"预审,正式跨入国家二十一世纪重点建设的百所大学的行列。学校共有30个教学科研机构,目前学校已覆盖工学、理学、经济学、管理学、文学、法学、哲学、教育学、艺术学等9个学科门类。目前学校在校生27000余人。学校秉承"不息为体,日新为道"的校训,努力提升办学水平,增强办学实力,提高学校的核心竞争力,全面推进育人质量的提高。北京工业大学探索学生工作的新途径、新方法的过程,是对现实工作实践中出现的问题的探索,既有理论问题的思考,也有实践问题的探索,既有思想理念的创新,也有扎实深入的调查和数据分析,具有很强的理论性、实践性和创新性,充分凝聚了我校学生工作者的心血和汗水,为提高我校人才培养质量做出了应有的贡献。

　　党的十八大召开以来,学校紧密结合当前学生工作的新情况和学生的新特点,从学校实际和学生成长规律出发,采取有效措施,创新途径方法,完善机制体制,丰富教育内涵,学生工作在整体推进中取得了显著成效。为了传承这些成果,扎实推进实践创新,提高工作的科学化、专业化水平,我校决定编辑出版

"北京工业大学学生思想政治教育探索与实践丛书"。

学校在近六十年的办学历程中逐步形成了"知行结合、重在创新"的教育特色。我校不断创新培养模式，优化培养环境，以科学精神为灵魂，以科技节各项活动为主线，通过政策引导，搭建科技节大舞台，让学生们展示科技成果、树立青春榜样，弘扬科学精神。科技成果展作为科技节的重头戏，展示了来自我校各部院所、研究生工程实训室、校外产学研合作基地的师生科技创新作品。本书将2011年至今科技成果展精选出的科技创新作品编辑成册，传承科学精神，营造良好学风。

编委会

2017 年 4 月

目 录
CONTENTS

第一章

2011 年北京工业大学科技节科技成果

北京工业大学科技节以"展科技创新之光,助青春梦想起航"为主题,旨在"展示风采,启迪智慧,激发创新,放飞梦想"。科技成果展以"蓝之绽放"为主题,科技之蓝、文化之蓝、创意之蓝、同砚之蓝四个展区共同绽放。科技之蓝,代表了工大师生探究自然界奥秘的发现;文化之蓝,展现了我校师生探究人文社会科学规律的发展;创意之蓝,汇集了师生富于创意和艺术效果的作品;同砚之蓝,展示了校外产学研基地学生自主研发作品,一起分享创新的乐趣、激发创新的灵感。科技成果展是我校学生近年来最新、最高科技创新成果的展示,也是各学院、各学科人才培养水平的一次大检阅。展览汇集了 19 个院所的百余件科研成果和 80 余件实物作品,这些研究成果是北工大学子们活跃的创新精神和科研能力的体现。

1.1　能驱散烟雾的吊兰

所在学院:材料科学与工程学院

作品名称:能驱散烟雾的吊兰

指导教师:林健、吴中伟

展品编号:2011 – ECAST – 001

作品摘要:

将吊兰悬挂某高处,插上电源即可,此时花盆边上会有绿色指示灯,说明室内烟雾浓度不高,当有烟雾时指示灯变红,吊兰内部便自动工作,吹散烟雾并释放香味。

作品背后的故事：

现如今，大部分的人们已经意识到了香烟对人类的危害，但由于香烟引起的人口死亡数目仍是逐年上升，我们无法否认它存在的必要性，但至少，我们要杜绝它对人类的危害，尤其是那些由于吸入二手烟的无辜者们，所以我们更要想方法来减少二手烟，于是，这给了正在上《香味可控金属花卉制作》的我们一些灵感。为了便于日常的研讨与制作，在团队组建方面上，我们选择了班内的几个同学来合作。而在整个制作过程中，我们有喜有悲。因为是第一次体验一个从无到有的制作过程，我们需要很多材料、知识与经验，老师、图书馆成了我们最好的帮手，从他们那里得到的提示指引着我们自己探索发现，最终研究出成果。在制作过程中，我们为了买材料，在偌大北京城东奔西走，虽然很累，但是在追寻的过程中，我们从电工师傅们那里学到了一些有关电路的知识，在后期的电工课程中，让我们感觉轻松了许多；作品的制作是一个漫长的过程，焊接电路板对于我们来说是个陌生的工艺，因为是个细心活，在我们看完教学录像后，多次练习使我们熟能生巧成功地焊出了作品的核心部分，外观部分我们需要反复的喷漆、晾干，长久的工作已成为我们的日常习惯。整个制作过程，我们挥洒了汗水，付出了精力，虽然过程是曲折的，但我们收获了知识、经验、团队中的信任，当看到自己的成果时，我们是骄傲的，我们是喜悦的。

设计人：季维骁、程彬、周少俊、郭泽策

作品图片：

1.2 具有人体感应、光敏夜灯功能的香味可控金属花卉

所在学院：材料科学与工程学院

作品名称：具有人体感应、光敏夜灯功能的香味可控金属花卉

指导教师：林健、吴中伟

展品编号：2011 – ECAST – 002

作品摘要：

具有人体感应、负离子空气净化、光敏夜灯功能的香味可控金属花卉。人体感应开关：热释电红外线传感器检测到人身体发出的热量后产生微弱电流，放大这个电流以开启或者关闭相应的电子或机械开关，以控制电路的接通或断开。因此，当有人进入距作品10m的区域时，整个电路开始工作。功能包括：负离子空气净化器开始工作，达到清新空气的功能；香料加热器开始工作，花卉散发香味；夜灯功能：当黑暗降临时，夜灯功能开始触发，作品发出灯光，给黑暗的空间提供照明。

作品背后的故事：

在上学期的一门创新课中，我们一组四个人共同完成了金属花卉的制作。这个花卉名副其实，就是要用金属来制作出美观实用的花卉，并在制作的过程中学会金属材料的连接方法、电路的实际连接方式，和培养创新意识。在制作的过程中我们也遇到了许多困难，比如在线路连接方面，我们走了不少弯路。由于平时没接触过真实线路连接在220V电中，所以一开始对这方面有些畏惧。但是在走了些弯路后，对电路有了实际的了解，知道了如何焊接电路；明白了零线、火线不能连在一起，否则会造成短路，严重的会烧毁电路；懂得了电阻元件不能随便接在220V的电路中，要不然可能会把电阻烧坏……我们曾经换了许多的外壳来进行电路的组装，我们曾经几次跑去中关村购买零部件，我们曾经制作到宿舍熄灯，但在这些失败中我们依然一步一步地完成它。这次的创新制作，让我们大家都学到了不少东西。

设计人：赵雪薇、庞彬、范昕玮、乔巧

作品图片：

1.3　真空及艺术图案镀膜

所在学院：材料科学与工程学院

作品名称：真空及艺术图案镀膜

指导教师：王波

展品编号：2011 - ECAST - 006

作品摘要：

利用磁控溅射的原理，分别选用不同的金属 Cu 和 Zn 作为溅射的靶材，采用透明玻璃板作为溅射的基片，设计制作了三种不同图案的掩模板，通过调整溅射室内气压值、溅射电流、溅射时间以及基板与靶材之间的距离，控制溅射室内的真空度和清洁度，完成了艺术图案的镀膜过程，得到了成膜效果较好的三幅艺术图案，分别是"捉迷藏的猫""秋天的三叶草"和"熊猫"。

作品背后的故事：

作品制作的初衷要从科技知识的拓展课堂说起，在真空镀膜技术及艺术图案镀膜这门课上，我们先后学习了一系列关于镀膜技术的理论知识，对于艺术图案镀膜我们都非常感兴趣，于是在王波教授的鼓励与支持下我们组建了团队并开始了图案掩模板的设计和制作。由于真空溅射镀膜中会有许多因素影响镀膜的质量，为了达到理想的镀膜效果，我们三人分别设计工艺参数进行探究性试验，并互相交流、探讨试验技巧和经验。在王波教授的指导下，我们经过反复的实验和总结得出了一系列优化的工艺参数,最终完成了成膜效果较好的艺术图案镀膜作品。

设计人:孔晓芳、林凯莉、霍锴

作品图片:

1.4　独轮自平衡机器人系统

所在学院:电子信息与控制工程学院
作品名称:独轮自平衡机器人系统
指导教师:阮晓钢、龚道雄
展品编号:2011 – ECAST – 009
作品摘要:

由北京工业大学智能机器人研究所研制独轮自平衡机器人系统取得的科研成果,对于优化独轮自平衡机器人的系统结构,分析其运动规律和内在特性,研究其运动平衡控制问题具有积极意义和一定的参考价值。课题研制的样机已获得多项国家专利,在机器人技术和控制科学的研究、教学领域,以及服务机器人、娱乐机器人领域有一定的应用价值。独轮自平衡机器人系统其最重要的结构特征是竖直惯性飞轮和下行走轮相互配合:竖直惯性飞轮调节横滚自由度平衡,行走轮调节俯仰自由度平衡。此结构模拟了人类骑行独轮车的特征,其建模与控制问题具有一定难度,致使该组同学多次同指导教师一起在实验室反复模拟实验,利用虚拟平台建立模型,研究其动力学特性。所设计独轮自平衡机器人的电气系统采用分层递阶结构。整个控制结构构成一种仿生的姿态感觉运动系统。

设计人:邓文波、潘琦

作品图片：

1.5 双轮自平衡机器人系统

所在学院：电子信息与控制工程学院

作品名称：双轮自平衡机器人系统

指导教师：阮晓钢

展品编号：2011 – ECAST – 010

作品摘要：

北京工业大学智能机器人研究所研制的双轮自平衡机器人系统样机已获得多项国家专利,在机器人技术和控制科学研究、教学领域,以及服务机器人、娱乐机器人领域有一定的应用价值。我院智能研究所师生一直致力于构造一种具柔性腰椎的双轮自平衡机器人,使其机身可在俯仰方向弹性形变,从仿生角度看,柔性腰椎能近似模拟人类躯干。使得柔性双轮自平衡机器人系统及其模型比刚性机器人及其模型更适用于研究仿人姿态平衡控制。在研究过程中,该组成员多次针对该机器人在俯仰方向弹性可变的实际操作性与控制系数的确定展开激烈讨论。最终在该组同学与其指导教师阮晓钢教授的共同努力下在 2010 年中国国际工业博览会上获得一等奖,同时对于柔性自平衡机器人概念和属性的建立与完善起到推进作用。相关的建模与控制的方法和结论,为其他柔性自平衡机器人的相同研究提供参考。

设计人：李均、彭奎

作品图片:

1.6　电液混合动力概念车

所在学院:环能与能源工程学院

作品名称:电液混合动力概念车

指导教师:纪常伟

展品编号:2011 - ECAST - 013

作品摘要:

本概念车在纪常伟老师的指导和帮助下由内燃机 105 实验室全体同学一起制作完成的,参加了北京工业大学节能减排大赛和第四届全国大学生节能减排社会实践与科技竞赛,都获得专家评委们的一致好评,在比赛中均获得较好成绩。本概念车从一定程度上解决了电动车电池续航里程短、寿命低的问题,调节了电动车的工作区间,使其工作在高效区,达到了节能减排的目的。

设计人:高彬彬、魏宝建、刘冉、赵光耀、梁晨、朱永明、刘晓龙

作品图片:

1.7 模拟智能停车场系统的设计

所在学院: 机械工程与应用电子技术学院

作品名称: 模拟智能停车场系统的设计

指导教师: 崔玲丽

展品编号: 2011 – ECAST –014

作品摘要:

该作品为模拟智能停车监控系统,针对日常生活中的观察,根据所学测试系统及单片机的知识制作而成。1. 搭建车位检测,时间模块,显示功能模块的硬件,并通过主控单元进行控制;2. 运用单片机控制 PWM 的输出来控制舵机,搭建模拟门禁系统;3. 运用串口助手对系统时间进行调整。

设计人:颉征、邵雪龙

作品图片:

1.8 有止回功能的应急伸缩梯

所在学院:机械工程与应用电子技术学院

作品名称:有止回功能的应急伸缩梯

指导教师:余跃庆

展品编号:2011 – ECAST – 016

作品摘要:

经过对楼房紧急避险、高处逃生时所需工具设备以及实际可操作性的调查研究后,我们首先将设计目标和方向定位在落地即定性的伸缩梯上。

接着用现代设计手段,对零件进行计算机建模仿真、实体建模,此后开始绘制零件图,并自己根据图纸制造零件,组装实体样机。与此同时,对于已制造好的样机出现的各种问题不断改进,一步步完善方案和实物样机。经过近六个月的忙碌工作,我们的作品终于完成了:有止回功能的应急伸缩梯。

在2010年6月的"北京汽车"杯首都高校第五届机械创新设计大赛中,我们的作品荣获北京市二等奖。2011年5月获得实用新型专利。

设计人:马兰、车树麟

作品图片：

1.9　基于 UMPC 的心血管功能检测仪

所在学院:生命科学与生物工程学院

作品名称:基于 UMPC 的心血管功能检测仪

指导教师:张松

展品编号:2011 – ECAST –019

作品摘要:

本产品主要用户是妊娠期妇女和心脑血管疾病患者,用于预测妊娠期高血压疾病的患病风险和评价心血管疾病病人的治疗效果,是一款无创、超便携的心血管功能检查设备。

作品原理及特点:

本产品利用压力传感器提取受试者的桡动脉脉搏波信号,通过检测前端对脉搏波信号进行模数转换和波形预处理后,将数据通过串口与 UMPC 相连,并通过 UMPC 的上位机软件对波形进行运算分析,从而得到一系列反映人体生理状态的参数:如平均动脉压(MAP)、心率(HR)、心脏指数(CI)、外周阻力(TPR)等。通过实测参数值与正常值范围进行对比,评估孕妇患妊娠高血压的风险。

特点:1. 无创,可实时连续监测;2. 便捷,可随时进行检测,不影响日常生活;3. 操作简便,使用者可独立操作;4. 可将已检测数据入库并进行数据对比,从而获得孕妇心血管功能状态的变化趋势及患高血压的风险评估。

设计人:王东明、李洋、李硕、王薇薇

作品图片:

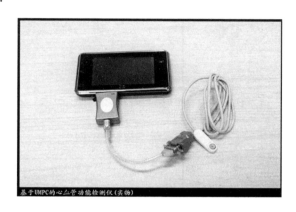

基于UMPC的心血管功能检测仪(实物)

1. 10　竹简

所在学院:激光工程研究院

作品名称:竹简

指导教师:陈继民

展品编号:2011 – ECAST – 020

作品原理及特点:

将古代著作激光扫刻在竹简上,用现代技术还原了古代文化遗产,这个创意得到了广泛的一致好评。

制作过程:1. Photoshop 处理图像;2. CO_2 激光器打标

制作材料:竹片

设计人:袁建文

作品图片:

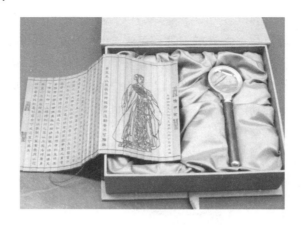

1.11　北工大校庆 50 年纪念

所在学院:激光工程研究院

作品名称:北工大校庆 50 年纪念

指导教师:陈继民

展品编号:2011 – ECAST – 024

设计原理及特点:

北京工业大学于 1960 年建校,至 2010 年已建校 50 年。在 50 周年校庆之际,工程实训平台激光创意室决定制作带有校庆 50 周年图样的陶瓷盘来纪念北工大走过的风风雨雨。

陶瓷是中国传统工艺制品的重要材料,并在今日文化科技中有各种创意的应用。此纪念品采用了陶瓷材料,不仅体现了中国传统文化,而且具有很强的观赏性。

制作过程:1. Photoshop 处理图像;2. CO_2 激光器打标

制作材料:陶瓷

设计人:刘宁

作品图片:

1.12　齿轮焊接

所在学院:激光工程研究院

作品名称:齿轮焊接

指导教师:肖荣诗

展品编号:2011 – ECAST – 030

设计原理及特点:

激光焊接为高能无接触加工,焊接速度快,焊接热影响区小,且焊后不需要加工处理。保证了齿轮件结构连接所需的精密度,同时也达到满足较小焊接变形量的要求。

制作过程:1. Photoshop 处理图像;2. CO_2 激光器打标

制作材料:金属齿轮

设计人:周春阳

作品图片：

1.13 湖北省黄冈市黄梅戏大剧院设计

所在学院:建筑工程学院

作品名称:湖北省黄冈市黄梅戏大剧院设计

指导教师:李雄彦、杨红

展品编号:2011 – ECAST – 035

作品摘要:

湖北省黄冈市黄梅戏大剧院是黄冈市市民的精神文化活动场所,应充分呼应场所环境,注重建筑功能与个性的融合,创造一道独特的沿湖风景线。我们"戏之梦"团队,由建筑学和结构工程两个专业的队友组成,在指导老师的精心指导下完成了作品——《乐苑》。

乐苑将黄梅戏的戏曲语言转化成凝固的音乐。给人轻盈婉转的视觉冲击效果,秩序隐于其中,动感极强。建筑的主体颜色以木色为主,简洁大方。观演中场可与同伴在通透的开敞空间欣赏沿湖美景,品味高格调生活品质。

设计人:谢志强、刘人杰、黄晓、张萌、匡尉、林艺

作品图片:

1.14 生活废水发电装置

所在学院:建筑工程学院

作品名称:生活废水发电装置

指导教师:马长明、吴珊、杨宏、赵白航

展品编号:2011 – ECAST – 036

作品摘要:

近年来在"节能减排,绿色低碳"的主导趋势下,我们的"TEAM"团队出于对生活的热爱和思考,结合专业知识,在成员的努力及老师的指导下完成了作品——"生活废水发电装置"。

"TEAM"大胆地将"卫生间排水管下落的水流"与"发电机叶轮"结合在一起,本着利用废水发电的思想,创造性地构想出"生活废水大点装置"。但将构想变成现实的过程是充满艰辛与挑战的,而这正是每个工程人所必须学会面对的现实!怎样找到充分的理论依据来支持我们的构想?需要考虑哪些影响因素才能缩小理论与现实的差距?如何进行设计才能创造出更多的价值?又应该如何保证装置的合理性、先进性以及更广泛的普及性?……在马长明老师、吴珊老师、杨宏老师以及赵白航老师等的悉心指导与帮助下,TEAM团队经过无数次的探讨和方案修改后,完成了"生活废水发电装置"的设计与模型制作。

最终,"生活废水发电装置"作品得到了专家老师的认可与鼓励,并荣获了"第二届全国大学生水利创新设计大赛"二等奖以及"第三届北京工业大学水创新设计竞赛"一等奖的优异成绩。

设计人:陆明、任家炜、刘彦君、杨胤

作品图片:

1. 15　智能遥控勘察车

所在学院:实验学院

作品名称:智能遥控勘察车

指导教师:刘旭东

展品编号:2011 – ECAST – 045

作品摘要:

本项目是基于低功耗单片机控制的履带式探测车,可完成距离测量、环境监测、危险报警等多种功能,在军事侦察、排爆、灾后勘察等诸多领域有广泛的应用。

车体采用各种传感器进行感知,经过 AD 采集,编写程序,由传感器自动采集,可以将距离、温度、湿度以及危害气体浓度等多种物理量传入控制器中,通过液晶模块显示,并控制执行系统完成相关功能如报警、分析等。

借助高频无线模块通信技术,可实现操作者对车体的智能控制,可轻松完成探测车的移动、采集控制和数据无线上传等功能。

作品背后的故事：

近年来自然灾害频发,很多现场由于房屋树木坍塌,给营救工作带来很大困难,这部勘探车,它可以进到营救人员无法进入的狭小地区测量受灾情况。研发团队由擅长硬件的刘天奇与软件系统等的周尚组成。

设计人:刘天奇、周尚

作品图片：

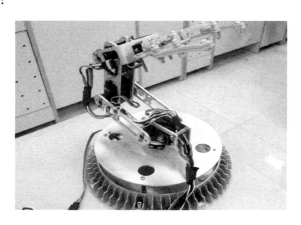

1.16 LED 立方体

所在学院:实验学院

作品名称:LED 立方体

指导教师:严峰

展品编号:2011 – ECAST – 046

作品摘要：

本作品是基于 NXP 公司的 LPC1114 开发板进行开发,利用 I2C 传输协议,用 LED 立方体显示,实现 LED 显示数字、字母、文字以及简单的图案,运用算法实现图案的简单的运动:平移、翻转、爆炸等效果。

作品背后的故事：

本作品在制作过程中克服了多块 LED 显示屏立体拼接的技术难题,将 LED 放在折射率介于半导体材料与空气之间的透明塑料材料中,从而增加两个表面的临界角。

获奖情况：本作品是学生参加电子竞赛的参赛作品，并获得校级电子竞赛一等奖。

设计人：陈伟华

作品图片：

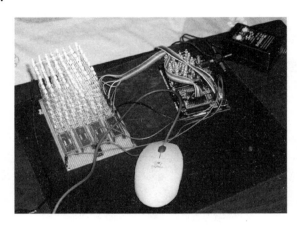

1.17　实验之星 **Pathfinder** 号机器人

所在学院：实验学院

作品名称：实验之星 Pathfinder 号机器人

指导教师：范青武

展品编号：2011 – ECAST – 047

作品摘要：

"Pathfinder"的身体上共有 8 个关节，每只胳膊上有 3 个，腿上有 2 个关节。它身高 440 毫米，站高 100 毫米、300 × 250 毫米的四轮底盘上，总高 540 毫米，体重 3.5 千克，具备俯仰或旋转关节的腰部（旋转极限角度不能超过 180 度），以及明显的双腿特征。

作品背后的故事：

在本项目中，图像的识别及处理是关键，我们利用色彩特征从图像中分割对象，这是一个有效的方法，由于省略了 RGB 到 HIS 转换中计算 H 值所需的浮点运算，大大降低了整个图像处理的计算量，因而图像处理算法得到了很大程度的优化。

设计人:熊林欣、茅雪涛、刘天奇

作品图片:

1.18 电子风斗

所在学院:实验学院

作品名称:电子风斗

展品编号:2011 – ECAST – 048

作品摘要:

近些年,CO中毒事件屡见不鲜,为解决此问题,我们设计制作了一种基于单片机控制的电子风斗,用来减少CO中毒事件的发生。

当系统检测到室内CO浓度超过设定值后进行报警,同时控制风扇开启,达到降低CO浓度的目的。当CO浓度降低到设定值以下时,关闭风扇,防止室外冷空气进入室内降低室内温度,以此来解决传统老式风斗的弊端。

作品背后的故事:

为减少CO中毒事件的发生,在北京工业大学星火基金项目的资金支持下,我们组建了一支5个人的团队,我们软硬件分工明确,合作默契,最终完成了电子风斗的制作,并且可以应用到实际生活中。

获奖情况:北京市大学生科研与创业行动计划科技创新成果一等奖;北京工业大学第十届"星火基金"优秀项目奖。

设计人:胡国琦等

作品图片：

1.19 基于 OMAP3530 多媒体掌上平台的研究与实现

所在学院：实验学院

作品名称：基于 OMAP3530 多媒体掌上平台的研究与实现

指导教师：王卓峥

展品编号：2011 – ECAST – 049

作品摘要：

本课题基于 TI OMAP3530 处理器，通过对其处理器最小系统，即处理器核心系统板卡的硬件搭建，完成功能扩展板卡触摸显示屏、串口、SD 卡、按键、音视频等模块，预留 USB、NET、VGA、WiFi、GPS 等多个扩展模块接口，同时移植 Linux 的 U – Boot、内核、文件系统，Windows CE 操作系统，使两块板卡协同工作，共同实现完整的多媒体掌上平台的基本功能，使用户不仅可以实现掌上平台的触控操作、实时显示、按键控制等人机交互功能，还可以依托掌上平台进行相关领域的消费类电子产品开发。

作品背后的故事：

2010 年 1 月 27 日，在美国旧金山举行的苹果公司发布会上，传闻已久的平板电脑——iPad 由首席执行官史蒂夫·乔布斯亲自发布，随后便迅速占领甚至主导市场。其实 iPad 不同于 PC 的无非是触屏，那么为什么我不能自己制作一台平板电脑呢？

设计人:黄腾

作品图片:

1. 20 CaxBa1 − xNb₂O₆(CBN)

晶体(x = 0. 22 ,0. 25 ,0. 28 ,0. 32 ,0. 35)

所在学院:应用数理学院

作品名称: CaxBa1 − xNb₂O₆(CBN)晶体(x = 0. 22 ,0. 25 ,0. 28 ,0. 32 ,0. 35)

指导教师:王越、蒋毅坚

展品编号:2011 − ECAST −052

作品摘要:

四方钨青铜结构弛豫型铁电体 CBN 具有优良的电光、光折变、热释电、压电性能,居里温度比铌酸锶钡晶体高 100℃ ~200℃,有利于器件的开发应用。点群 4 毫米,空间群 P4bm。光学浮区法生长的该系列晶体透明且无宏观缺陷,颜色呈浅黄色,黑色部分是由于缺氧产生色心导致,氧气中退火即可消除。直径 6~7 毫米,长 50~115 毫米。

光学浮区法采用的是边熔解边结晶的生长方式,靠重力和表面张力的平衡形成晶体生长的熔区(如下图)。通过优化多晶料棒烧结工艺,解决熔区上半部分易起盖、气泡过多的问题,得到稳定的熔区。通过摸索晶体生长工艺参数,解决晶体易在热应力作用下产生裂缝的问题。

设计人:马云峰

作品图片:

1.21　发光二极管报警器

所在学院:应用数理学院

作品名称:发光二极管报警器

指导教师:彭月祥

展品编号:2011 – ECAST – 054

作品摘要:

学习了数字电子技术后,我们小组成员想将所学知识运用到实践中。报警器是日常生活中最常见的物品,随着技术的发展,报警器的种类越来越多,例如震动报警器、超声波报警器、红外报警器等。二极管是常用的电子器材,我们在详细了解二极管构造的基础上,想利用二极管来制作报警器。

项目思路:红、黄、绿三色发光二极管和报警器相连,用两个开关控制,一个是总开关,另一个控制三个发光二极管。当红灯亮时,报警器报警,声音洪亮连续;当黄灯亮时,报警器提醒,声音间断响起;当绿灯亮时为安全。

设计人:张砚霖、李健、王立娜

作品图片：

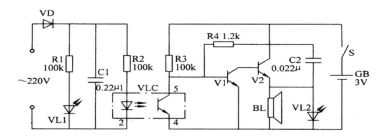

第二章

2012 年北京工业大学科技节科技成果

在 2011 年成功举办首届科技节的基础上,本届科技节在内容和形式上都有所创新。首先,在科技成果展中设立了核心展区——卓越之蓝,汇聚工大师生近年来创作的科技极品,共同分享卓越的创意、点亮创新之灯。各参展学院选取优秀作品进行重点演示,由作品设计者与观众互动、深度挖掘作品背后的故事以激发学生的创新意识。其次,在活动内容上,将以往的"学校组织、学生参与"形式变为自下而上的"学生组织、学校资助"的形式,以更好地调动学生的积极性、满足广大学生的不同需要。科技成果展作为科技节的重头戏,汇集了从 14 个院所、10 个工程实训室、6 家校外产学研合作基地、"益泰牡丹"杯 LED 光源灯具设计创意大赛等活动中精选的百余件作品。

2.1　新型遥控三足玩具

所在学院:机械工程与应用电子技术学院

作品名称:新型遥控三足玩具

指导教师:余跃庆

展品编号:2012 - ECAST - 001

作品摘要:

新型遥控三足行走玩具具有新颖行走方式,可以进行多种直线、曲线行走和转弯及跳跃。无线遥控,极具可玩趣味性。

获奖情况:2012 年 6 月,首都高校第六届机械创新设计大赛北京市一等奖。

作品原理及特点:

本作品设计并制作出了一种新型遥控三足行走玩具。三条腿分别采用电机驱动方式,以齿轮传动实现减速,以四杆机构为执行机构,将转动变成腿的摆动,通过控制四杆机构的杆长来实现对摆动幅度的控制,从而使该玩具能实现行走功能。

特点:1. 采用新型三足行走方式,有效地克服了两足和多足步行机的不足;2. 应用空间 RSSR 四杆机构,巧妙地将两个垂直平面的运动进行了转换;3. 采取三足独立驱动方式,通过遥控实现了上下升降、行走、转弯等多种功能,增加了趣味性。

作品背后的故事:

团队从 2011 年 10 月组建至今已经将近 1 年了,从一开始的不了解到现在的默契,这中间经历了很多磨合阶段。现在我们分工明确,每个人各司其职,保证了团队可以以更好的状态完成每一项任务,迎接每一个挑战。在作品制作过程中遇到的困难不计其数,但是我们会共同商讨解决方案,每个人都提出自己的想法和建议,然后选出最优的方案具体落实。

设计人:李清清(09010130)、崔昊天(10020208)、杨旺(09010327)、马利政(09010131)、王语莫(09010102)

作品图片:

2.2 畅泳体验机

所在学院:机械工程与应用电子技术学院

作品名称:畅泳体验机

指导教师:赵京、张乃龙

展品编号:2012 – ECAST – 002

作品摘要:

通过相关机构设计,实现在陆地上进行蛙泳,同时约束运动轨迹、规范动作。

获奖情况:2012年5月,首都高校第六届机械创新设计大赛北京市一等奖。

作品原理及特点:

1.应用创新:对于蛙泳练习者,该器械可以规范蛙泳划水动作、训练手腿配合,同时体会换气时机;2.机构创新:该机构由人臂与一空间机构两部分组成,体现了人机合一的设计思想。该空间机构利用机构轨迹综合方法,基于蛙泳手部划水的空间曲线和换气动作设计得到,可以精确实现蛙泳的手臂划水动作,自动实现蛙泳的手臂与腿的协调配合。

作品背后的故事:

之所以设计畅泳体验机是为了满足现在人们对游泳的青睐和解决现在人们蛙泳运动中存在的一些问题。具体阐释如下:1.游泳的娱乐趣味性;2.规范蛙泳动作;3.利于身体健康;4.健美形体。

设计人:刘润田(10010427)、果晓东(09010228)、别晓锐(09010129)、赵鹏飞(09010225)

作品图片:

2.3　两用助力轮滑鞋

所在学院:机械工程与应用电子技术学院

作品名称:两用助力轮滑鞋

指导教师:高国华

展品编号:2012 – ECAST – 005

作品摘要:

两用助力轮滑鞋是一种纯机械的娱乐产品,它有普通鞋和轮滑鞋两种状态,并拥有助力功能,方便快捷。

获奖情况:2012年6月,首都高校第六届机械创新设计大赛北京市二等奖。

作品原理及特点:

本作品可通过一个卡死机构实现普通鞋和轮滑鞋之间的切换和锁死,并在轮滑鞋状态通过助力机构实现助力功能。

特点:1. 纯机械的娱乐型产品,可达到锻炼身体并节能环保的目的;2. 通过一个较简单的卡死机构,改进了传统两用轮滑鞋的不足,增强了实用性;3. 新增的助力功能,缓解了两用轮滑鞋笨重的通病。

作品背后的故事:

身为机电学院的学生,我们都对机械方面有着浓厚的兴趣,通过这次参加比赛,我们收获颇多。首先,在设计方面我们获得很多的经验,把在书本上学习的知识运用到了实际当中,也了解到了理论和实际之间的差别和内在联系。其次,在加工方面感触更加深刻,这次的比赛让我深刻意识到了加工工艺性对于整个机构的重要性和必要性。

设计人:冯天翔(09010103)、李福(09010119)、吴尚儒(09010132)、侯有越(09010121)、杨之仪(09010108)

作品图片:

2.4 污水水质参数智能检测系统

所在学院:电子信息与控制工程学院

作品名称:污水水质参数智能检测系统

指导教师:韩红桂

展品编号:2012 - ECAST - 010

作品摘要:

本系统可以实现对污水处理过程中的多个关键水质参数的实时测量和显示,并融合智能系统研究所开发的软件系统和先进的神经网络算法实现对污水处理过程中某些不易测量的关键参数的软测量。

作品原理及特点:

本作品通过测量污水处理过程中的一些重要参数,发明了一种污水处理软测量系统,该仪器能够很好预测出水的水质参数 COD 和 BOD,从而为实时控制提供实时信息,实现污水处理过程的智能优化控制。特点:1. 实现污水处理过程中多个水质参数的同时在线测量和显示;2. 自主开发了水质参数的处理软件,可以实现对水质参数的记录,处理和查看;3. 首次将神经网络应用于污水处理过程建模,实现出水水质 COD 和 BOD 的软测量。

作品背后的故事:

北京工业大学智能系统研究所多年来一直致力于污水处理过程建模、控制和优化的研究,已经取得了阶段性的成果,在利用神经网络建模以及控制方面的成果尤其突出。此次参展的污水水质智能检测系统就是多年创新性工作的凝结,也是国内第一台能够实现 COD 和 BOD 软测量的仪器。

设计人:郭楠(S201102106)、蒙西(S201102108)、许少鹏(S201102176)

作品图片:

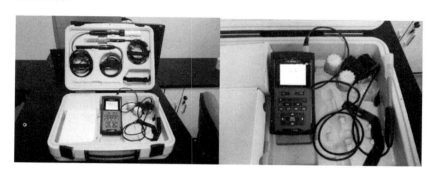

2.5 后浪大桥

所在学院:建筑工程学院

作品名称:后浪大桥

指导教师:陈华婷、杨洪

展品编号:2012 – ECAST –011

作品摘要:

后浪大桥,四跨连续飞燕式异型钢管混凝土系杆拱桥,桥跨布置:60m +410m +100m +60m。

获奖情况:2011 年 5 月,第十届北京高校建筑结构设计联赛,获奖级别:省级。

作品原理及特点:

后浪大桥拟建于北京市长安街西延长线上,横跨永定河,连接西六环,建成后将成为北京市重要交通枢纽。与传统的锚固于墩台的形式有所不同,第二跨拱肋左端与主拱肋连接,以模拟浪连浪的造型。

作品背后的故事：

创作目的：借由本次比赛，把所学的知识应用到实践中，提高自身能力。团队组建：3 名建工学院成员、2 名建规学院成员。制作过程：分析设计资料，初步桥型拟定，利用 Midas 建立有限元模型，计算分析，绘制设计图纸，制作实体模型。

设计人：陈冉（08040523）、裴凯（08040521）、刘三谷（08040512）、钱雪娜（09121228）、邴卓（09121227）

作品图片：

2.6　丹凤桥

所在学院：建筑工程学院

作品名称：丹凤桥

指导教师：陈华婷

展品编号：2012 – ECAST – 012

作品摘要：

丹凤桥的桥型设计取之于中国传统文化元素——凤凰。主体结构主要由斜拉结构和异形拱结构组成，斜拉结构为自锚式单侧双索面独塔斜拉结构。

获奖情况：2011 年 5 月，荣获北京高校建筑结构设计联赛（桥梁组）三等奖。

作品原理及特点：

主体结构主要由斜拉结构和异形拱结构组成，斜拉结构为自锚式单侧双索面独塔斜拉结构。异形拱部分,我们采用两个抛物线和一个圆弧形组成异形拱轴线。桥主塔结构都采用钢混组合结构。斜拉桥结构部分使左跨主桥跨越永定河,异形拱结构部分使右跨主桥跨越丰沙铁路。该桥不仅满足造型和结构的要求,还满足地理、建筑物及行车的需要。

作品背后的故事:

2011 年第十届北京高校建筑结构设计的主办方是北京工业大学,当时我们团队一致决定,一定要把作品做好并在母校拿奖,这是一个难得的机会,也是一个挑战的机会。时间紧,任务重,加之困难重重,团队成员夜以继日奋战直到答辩前一天晚上。成功和荣誉总是非常短暂的,而走向这个目标的路途总是漫长和艰辛的。我们更应该珍惜这坚持的过程,更应该珍藏那一份辛酸而甜美的回忆。

设计人:陈壮(08040223)、李连娜(08121211)、程亮(08040327)、刘欢(08040427)、米德拉、迟啸起(S200904076)

作品图片:

2.7 Open – LIO 交通信号控制实验系统

所在学院:建筑工程学院(智能交通信息与控制技术实训室)

作品名称: Open – LIO 交通信号控制实验系统

指导教师:赵晓华

展品编号:2012 – ECAST – 013

作品摘要:

完成交通仿真软件与交通信号机的连接交互,实现信号机对仿真环境的控制,为信号控制策略学习评估提供平台。

获奖情况:2012 年 5 月全国大学生交通科技大赛一等奖。

作品原理及特点:

系统提供的学习功能包括信号机的学习监控、控制策略的效果展示及评价、控制策略的优化评价、感应控制算法学习及流程设置等,其中效果评价主要包括延误、行程时间、排队长度、路网性能等常用参数。基于此系统,学生可对信号机及控制策略的设置、使用方法及适用条件进行全面学习。

作品背后的故事:

作品开发过程中,由于专业上的差异,必然存在团队成员之间的知识及沟通障碍,而通过不断的共同学习与交流讨论,各成员对关于系统的各方面知识均有一定程度的认识理解,研发的过程,也成为大家共同学习不同专业知识的过程。为实现系统的实用性、美观性、便捷性、专业性等特征,系统经过多次修改、调整、试用,最终完成终版,充分考虑实用的需求,为使用者提供多方面便捷学习的平台。

设计人:张兴俭(B201104012)、杜洪吉(S201104188)、袁荣亮(09046115)、袁野(09022136)、尹海真(09062224)、刘思彤(09070229)

作品图片:

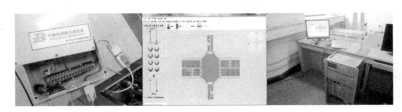

2.8 基于压电陶瓷的能量回收及无线输电系统

所在学院:环境与能源工程学院

作品名称:基于压电陶瓷的能量回收及无线输电系统

指导教师:冯能莲

展品编号:2012 - ECAST - 014

作品摘要:

本装置采用压电材料制作的压电发电片,通过踩踏、按压等冲击发电的方式产生电能,通过整流可为小型用电器提供电能。

获奖情况:2012 年 5 月,北京工业大学节能减排大赛一等奖。

作品原理及特点:

系统基于压电材料的正压电特性,即受到压力后其表面的电荷会产生极化,通过整流电路将极化后的电荷导出,并通过无线输电装置实现电力的无线传输,多余的电量存储于电容或者可充电电池中,减少电能和电池的消耗,达到节能环保的目的。特点:1. 采用双片压电振子串联的方式,一方面具有简单可靠的接线线路,另一方面相对于两单片并联占有更小的体积;2. 通过压电装置和无线输电装置的匹配,能够同时实现能量的回收、传输、存储和利用;3. 另外,通过无线传输的方式,电能能够更简洁、方便地进行传输,减少了用电设备的空间限制。

作品背后的故事:

系统的搭建和调试过程中,碰到了各种各样的问题。整个项目进行过程中,团队成员分工明确,相互协助,整个团队交流气氛活跃,频繁的讨论使得大家的想法得以被团队所共享,这为所得出的成果打下了牢固的基础。

设计人:占子奇(S201105097)、董昊龙(S201005012)、高翔(S201006007)、李静(S201105096)

作品图片:

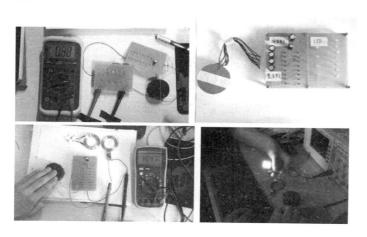

2.9　高效制备自组装特种膜的方法及自动控制装置

所在学院：环境与能源工程学院

作品名称：高效制备自组装特种膜的方法及自动控制装置

指导教师：张国俊

展品编号：2012 – ECAST – 015

作品摘要：

喷涂法克服了传统制膜工艺烦琐耗时等缺点，大幅提高成膜效率，为自组装技术的工业化应用提供了可能性。

获奖情况：2012 年 5 月，北京工业大学节能减排大赛一等奖。

作品原理及特点：

设计团队采用逻辑控制程序（即 PLC）制备了自动喷涂成膜的数控系统。分别对制膜材料浓度的选择、喷涂制膜液时间、喷涂层数和热处理等主要技术指标进行考察。最后，将所制得的复合膜应用于乙醇脱水、丙酮脱水、乙酸乙酯除水等不同的分离体系分离中，实验测试结果优良。

本设计的自动成膜系统，可大幅度提高自组装发成膜效率，简化制膜过程，因此具有重要的科学价值和广阔的工业应用前景。

作品背后的故事：

首先很感谢学校为我们提供了一个很好的实验平台和支持，能够让我们有机会自己来主要负责一个独立的课题研究。其次感谢张国俊老师给予我们的大力帮助和支持，在实验设计和方法上给了我们很多的建议，使得实验中的难题能够顺利地解决。这个过程中让我感受最深的就是团队合作的必要性，这一年来在实验过程中所经历的各种曲折和困难，能够在最后的时候取得一点点的成绩，和我们这个团结的整体是密不可分的！

设计人：唐海齐（S201005052）、李杰（S200805091）、董阳阳（S201005057）

作品图片:

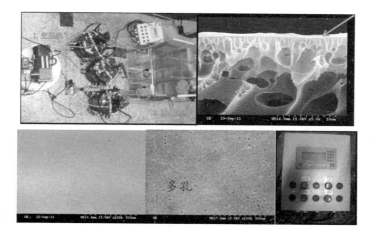

2.10　村镇污水一体化处理设备研发及其智能控制

所在学院:环境与能源工程学院

作品名称:村镇污水一体化处理设备研发及其智能控制

指导教师:彭永臻、杨庆

展品编号:2012 – ECAST – 016

作品摘要:

基于智能控制的一体化设备,构建了融合新型脱氮工艺,过程控制技术,按需定制服务等理念的村镇污水处理新模式。

获奖情况:2012 年 6 月,第七届首都挑战杯创业计划大赛,金奖。

作品原理及特点:

原理:1. 一体化缺氧/好氧生物膜反应器:将缺氧/好氧的运行方式融入连续流生物膜工艺,通过发挥不同种群微生物的协同作用,强化低碳氮比污水的脱氮性能,辅以化学除磷,实现同步脱氮除磷;2. 智能控制系统的建立与运行,寻求水质指标与控制参数(如 DO,pH,ORP 等)的对应关系,并形成相应的控制策略,并设定预警值,对处理后的水源根据不同的用途进行分类,并制定相应的处理模块,实现再生水资源的就地利用。

特点:1. 理念创新:引入"污水分散处理",绿色环保;2. 技术创新:将传统

的污水处理流程集成到一体化设备中;将智能控制技术融入污水处理过程;
3. 模式创新:建立处理设备运营维护的远程控制和定期响应系统,实现无人化管理。

作品背后的故事:

在创作过程中,我们在技术保障,实物制作,系统构建等方面遇到了困难,通过自主学习、团队合作、导师指导等方式进行解决,取得了良好的效果。创作体会:科技源于生活,创新点亮未来,细心寻找,科技就在你我身边。

设计人:龚灵潇(S201005090)、朱如龙(S201005091)、冯超(S201025003)

作品图片:

2.11 嵌入式快门控制器

所在学院:应用数理学院

作品名称:嵌入式快门控制器

指导教师:江竹青

展品编号:2012 - ECAST - 017

作品摘要:

快门在光学实验中较为常用。本控制器基于嵌入式技术,使用可视化交互界面控制快门,简单易用,成本低廉。

作品原理及特点:

本控制器为基于 ARM 嵌入式系统的快门控制器。控制器使用 ARM 处理器作为控制核心,使用独立键盘、TFT 液晶屏幕与用户进行信息交互,同时内部集成有快门驱动电路。用户通过可视化的方式对快门的运行方式及顺序进行设定,系统将按照用户设定的方式对快门进行控制,实现用户所需要的功能。

本控制器创新点在于使用 ARM 嵌入式系统实现对快门的控制,思路新颖,切合实际。未来本控制器还将整合其他常用仪器的控制功能,为光学实验室提供更加便捷的仪器控制方式。

作品背后的故事:

在本作品的设计制作过程中,我们意识到对于我们来说,创新是有着多种形式的,有时可能并不需要很高水平的原创性以及技术手段,就可以在自己了解的领域进行创新。我们的作品从光学实验室的实际需求出发,结合了嵌入式系统的基本技术,实现难度并不很高,但是却解决了实验室中的实际问题,做出了一定的创新。

设计人:邹如飞(S201106051)、王喆(S201106049)

作品图片:

2.12　便携式线驻波演示器

所在学院:应用数理学院

作品名称:便携式线驻波演示器

指导教师:杨旭东

展品编号:2012 - ECAST - 018

作品摘要:

本仪器用频率可调的闪光照射以频率可调的振动电机作振子所产生的线驻波,使线驻波"缓慢运动"或者"定格",便于清晰观察驻波运动状态,以演示驻波的机理。

获奖情况:2012 年 3 月,北京市大学生物理实验竞赛三等奖。

作品原理及特点:

利用 LED 充电手电,加装频率可调振子,用于使绳子振动形成驻波;并改造手电本身的 LED 灯,使其周期点亮,且频率可调、占空比可调。特点:1. 操作简单,驻波产生和频闪产生集于一体,便于观察驻波波形的视觉形象;2. 直接充电,便于维护;3. 小巧,便于携带。

作品背后的故事:

本次的竞赛使我更加意识到团队合作的重要性,俗话说,三个臭皮匠赛过诸葛亮,我们小组成员各有所长,通过分工合作,高效率地把事情做好。杨老师在这次比赛期间为我们小组花了很多的心思,也耽误了不少的暑假休息时间,为我们细心地指导,并尽可能为我们解决困难,通过跟杨老师讨论,我们产生了不少的新想法。

设计人:聂需辰(09061125)、徐润亲(09061124)、李学飞(0961224)

作品图片:

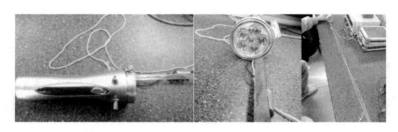

2. 13　可编程彩灯

所在学院:应用数理学院

作品名称:可编程彩灯

指导教师:王吉有、彭月祥

展品编号:2012 – ECAST – 021

作品原理及特点:

利用数字电路芯片和存储器芯片,搭建一个动态 LED 显示电路,显示内容可现场输入,保存在 RAM 中,切换到输出状态后,刚输入的内容在 8 × 8 二维阵列上显示出图案。特点:1. 设计巧妙;2. 现场编程。

作品背后的故事:

超声波声速测量仪是在 51 单片机的学习过程中完成的,在作品研发阶段,意想不到的难题就像魔鬼般缠绕,我想,如果没有勇气,也不会有这么一点可怜的成绩。电子时钟作品在参考了别的程序之后,完成了本次设计,也算是对所学专业课程的一个总结。

设计人:高小强(09061123)

作品图片:

2.14 频率测量显示仪

所在学院:应用数理学院

作品名称:频率测量显示仪

指导教师:王吉有

展品编号:2012 – ECAST – 022

作品摘要:

利用单片机的计数功能定时对信号脉冲计数,达到测量信号频率的功能,只需要单片机,不需要附加电子元器件,用单片机 IO 口对 18B20 进行访问,测量频率,都采用 12864 液晶屏显示,通过键盘可以设置显示方式。作品设计简洁,功能灵活。

作品原理及特点:

我们使用自己绘制电路板制作简单的单片机,并通过单片机的两个定时器实现对脉冲的测量。将需要测量的信号接入单片机的一个 IO,然后中断扫描这个 IO。用定时器零进行计时,即每隔一秒钟访问一次。用定时器一进行计数,即测量一秒内的脉冲个数,进而算出待测频率。

作品背后的故事:

这次频率显示仪的制作,我们历时半个学期,这段时间的实践和体验,让我们综合那些理论知识来运用到设计和创新,还让我们知道了一个团队凝聚在一起时所能发挥出的巨大潜能! 在这次制作过程中,我们运用到了以前所学的专业课知识,虽然过去从未独立应用过它们,但在学习的过程中带着问题去学我发现效率很高,这是我们做这次课程设计的又一收获。

设计人:平源峰(09061212)、刘腾(09061210)

作品图片:

2.15 颜色测量与显示仪

所在学院:应用数理学院

作品名称:颜色测量与显示仪

指导教师:王吉有

展品编号:2012 – ECAST – 023

作品摘要:

本作品可以将采集来的颜色,划分为三原色的 RGB 颜色比例,通过液晶屏显示出来具体的数值与对应的颜色。

作品原理及特点:

把物体和印刷品上的颜色测量出其红绿蓝的混合比例,同时用显示屏显示出来。特点:1. 形象地测量出颜色;2. 利用三基色原理分解出被测量颜色的合成比例。

设计人：陈曲（09061209）、张丽（09062216）

作品图片：

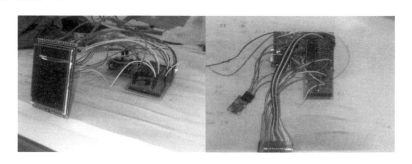

2.16　基于 kinect 的行人检测

所在学院：计算机学院

作品名称：基于 kinect 的行人检测

指导教师：段立娟

展品编号：2012－ECAST－024

作品摘要：

我们基于 kinect 进行深入研发，把它的强大功能扩展到室内行人检测，判断人的身高，姿态，运动速度，衣服颜色等各种信息。

作品原理及特点：

kinect 是微软最新发布的一种 3D 体感摄影机，同时它导入了即时动态捕捉、影像辨识、麦克风输入、语音辨识、社群互动等功能。我们基于 kinect 进行深入研发，把它的强大功能扩展到室内行人检测，可以很好地判断出人的身高，姿态，运动速度，衣服颜色等各种信息。

作品背后的故事：

本项目是北京工业大学星火基金支持的项目，在段立娟副教授的指导下，我们 6 个人组成了该研发团队，在研发过程中，我们经常讨论，深刻地体会到了团队合作的强大力量。实在不明白的问题，也在导师指导下得以解决。最后实现了好多传统行人检测功能根本无法实现的新异特色，例如：判断出人的身高，姿态，运动速度，衣服颜色等各种信息。

设计人：谷继力（S201007064）、高然（09072212）、周宗源（09072204）、王赛

（09072205）、柴雨帆（08072103）、魏仁敬

作品图片：

2.17　英语发音口型学习平台

所在学院：计算机学院
作品名称：英语发音口型学习平台
指导教师：贾熹滨
展品编号：2012 – ECAST – 025
作品摘要：

本平台实现了一个学习者发音与标准发音的口型的学习平台，有助于学习者对英语发音进行直观分析。

作品原理及特点：

本平台利用语音识别系统中的音素分割子系统从音频中得到基础发音音素序列，然后输出到动画合成系统中，控制二维和三维口型模块运动，最后使动画和音频同步播放出来，从而给学习者直观的感受。学习者发音是通过录制和回放发音口型视频进行实现。

作品背后的故事：

平台是我本科毕业设计完成的项目。平台中的标准发音口型子系统是采用基于 HMM 的语音分析音素分割的方法完成的，这方面的知识对于我来说一片空白，所有的都是从头学起，我的导师其间帮助我提供了许多有益的理论知识和建议。

设计人：杜华（08070428）

作品图片：

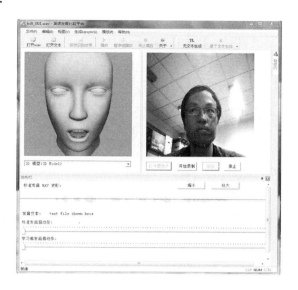

2.18 生长优质大尺寸 KDP 晶体方法的探索研究

所在学院:材料科学与工程学院

作品名称:生长优质大尺寸 KDP 晶体方法的探索研究

指导教师:常新安

展品编号:2012 – ECAST – 030

作品摘要:

制备特色籽晶架和测定 pH 值对溶液稳定性和生长习性的影响来改进晶体生长工艺,提高 KDP 晶体的生长效率。

作品原理及特点:

KDP(磷酸二氢钾,KH_2PO_4)晶体是一类性能优良的非线性光学材料。它具有压电、铁电、电光、非线性等多种功能,并因其具有较大的电光和非线性光学系数,高的光损伤阈值,低的光学吸收,高的光学均匀性和良好的透过波段等特点而被广泛应用于激光变频、电光调制和光快速开关等高技术领域。本课题通过制备特色籽晶架和测定 pH 值对溶液稳定性和生长习性的影响来改进晶体生长工艺,提高 KDP 晶体的生长效率。

设计人:廖攀(S200909092)

作品图片:

2.19　TbH3 纳米粉末渗镀处理高性能 NdFeB 永磁体

所在学院: 材料科学与工程学院

作品名称: TbH3 纳米粉末渗镀处理高性能 NdFeB 永磁体

指导教师: 刘卫强

展品编号: 2012 - ECAST - 031

作品摘要:

本样品是经过 TbH3 纳米粉末晶界扩散处理的 NdFeB 永磁体,剩磁温度系数 α 和矫顽力温度系数 β 均降低,温度稳定性明显提升;矫顽力较原始磁体提高 28% ,提升效果明显。

获奖情况:2011 年第四届"挑战杯"创业计划大赛北京工业大学三等奖。

作品原理及特点:

采用蒸发冷凝法制备 TbH3 纳米粉末,对烧结 NdFeB 磁体纳米粉末表面涂覆,进行晶界扩散热处理,制备 TbH3 纳米粉晶界扩散磁体。利用 B - H 回线仪、SEM 等分析测试手段,研究了 TbH3 和 DyH3 纳米粉末晶界扩散烧结 NdFeB 磁体的磁性能、显微组织及成分分布。

作品背后的故事:

在实验初期,我们先尝试了微米级的 TbH3 粉末,发现微米粉末的渗透深度不是很理想,对晶界的修复效果也很差。随着纳米技术的不断成熟,我们尝试自己制备纳米级的 TbH3 粉末。通过蒸发冷凝的方法,我们制备出了粒径在 50～200 纳米的粉末,并通过涂覆进行实验。

设计人:常诚(S201109102)、孙超(S201009099)、李超(S201109013)

作品图片:

2.20 悬索结构设计——建筑结构设计模型

所在学院:建筑与城市规划学院

作品名称:悬索结构设计——建筑结构设计模型

指导教师:夏葵

展品编号:2012－ECAST－032

作品摘要:

力求在有限的土地上创造更加开敞的空间,因而将其做成大跨度自重又轻的悬索结构,且省材料,易施工。

作品原理及特点:

通过麻绳使两侧倾斜支架与拱形密度板达到受力平衡的状态,同时利用细小的空洞不会对拱形面的力造成破坏的特点再次利用麻绳将结构稳稳固定,另外增强其美观性。这个结构模型最大亮点是利用简单的原理、简单的材料创造了美观实用的结构空间。

作品背后的故事：

想象与现实的差距让我们不得不常常往返于学校与建材市场之间，为了达到预期的效果，更换材料也在所难免，所以奔波着、抱怨着，同时也快乐着，我们没有借助外力，完完全全自己纯手工，好在大家配合非常默契，每个人都在尽力、在坚持，看着自己的作品完成的那一刻，心中溢满了成就感。

设计人：陈思佳（09121226）、侯春芳（09121215）、刘琛（09121211）

作品图片：

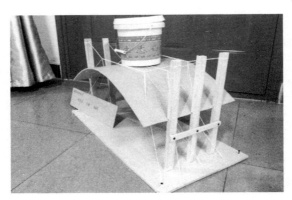

2.21　编织生活——建筑结构设计模型

所在学院：建筑与城市规划学院

作品名称：编织生活——建筑结构设计模型

指导教师：夏葵、黄培正

展品编号：2012 - ECAST - 033

作品摘要：

本作品尽量减小结构自重，即自重与承重之比达到最小值。这也就决定了在解决承重问题的同时，必须选择轻量的材料，采取简洁的形式。同时结构设计的外观必须给人以舒适的感受，形式上的美感必须体现结构体系本身的特征和构造美感，不能矫揉造作。

作品原理及特点：

本结构装置采取插接、绳结为主的混合结构，采取PVC作为主要材料，牛皮纸绳和铝塑管作为辅助材料。此结构设计作品具有很好的工艺感和精细程度，这就给人以赏心悦目的感觉。在材料的选择上色彩清新,又有深浅的对比、颜色的对比、质感的对比。单体上开出的梯形抹圆角的洞降低了结构的整体重量,同时在形式上更轻盈。整个形式平衡、稳定、美观、清新、亲和,是一种平和的低调的恬淡的生活之美。

作品背后的故事:

在最初的设计中,我们考虑在顶部和底部用铝塑管做成圆环,串联起 24 个单体,这样结构强度更大,稳定性更强。但是,在实施过程中发现,这样的设计几乎不能被实现。经过反复的试验,决定果断放弃原设计,重新构造节点。如此一来,解决了施工难度的问题,但是也降低了结构的强度。我们以为这个挫折不是坏事,反而在今后的学习生活中能够时时提醒我们注意这些问题,是有益的。

设计人:曾睿之(09020125)、戴言(09121115)、张雨萱(09121104)

作品图片:

2.22 城市太阳伞——建筑结构设计模型

所在学院:建筑与城市规划学院

作品名称:城市太阳伞——建筑结构设计模型

指导教师:王树京、夏葵、黄培正

展品编号:2012 – ECAST – 034

作品摘要:

本结构模型以西班牙古城塞维利亚的奇特建筑"Metropol Parasol"——"城市太阳伞"为原型,通过简化、提取元素、重新组合,形成了此次设计。

设计人:李扬、高悠然、杨紫惺

作品图片：

2.23　基于指端容积脉搏波的血液黏度自动测量装置

所在学院：生命科学与生物工程学院

作品名称：基于指端容积脉搏波的血液黏度自动测量装置

指导教师：张松、杨益民

展品编号：2012 – ECAST – 035

作品摘要：

通过采集人体指端容积脉搏波，并对脉搏波信号进行处理分析，得到人体全身的血液黏稠程度的量化指标。

作品原理及特点：

大量的临床实验证实，通过指端容积脉搏波提取人体血液黏度信息是一种科学而又有效的无创测量血液黏度的方法。本项目的创新点在于应用无创血液黏度检测方式代替传统的有创血液黏度测量方式，利用指端容积脉搏波的理论来测量血液黏度值，检测装置整体体积小，适用于临床医疗和家庭医疗保健。

作品背后的故事:

团队成员具有相同的学术背景和理论基础,并且具有同样的目标,经过一段时间的讨论,最终成立了我们的团队。在底层的软件编写上,遇到了比较大的问题,由于该作品需要实时采集指端容积脉搏波,并分析和计算,所以对时间的要求比较严格。为了简化这个问题,最终采用 μC/OS – II 嵌入式实时操作系统作为基础平台,既能满足实时性的要求,又简化了程序的设计。

设计人:李洋(S201015042)、李硕(S201115047)、丁宇龙(S201115056)、王薇薇(08101105)

作品图片:

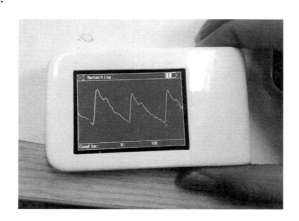

2.24 一种可监测人体脉搏波及心率的健康鼠标

所在学院:生命科学与生物工程学院

作品名称:一种可监测人体脉搏波及心率的健康鼠标

指导教师:杨琳

展品编号:2012 – ECAST – 036

作品摘要:

将健康概念引入鼠标,本鼠标不仅具备所有标准功能,还增加了监测人体生理参数的功能,帮助计算机使用者实时监测自己的健康状况。

作品原理及特点:

用户使用该鼠标时,自动测量用户的脉搏波数据,经鼠标内部电路处理,传至电脑端显示,可随时记录人体的生理参数,便于用户随时监测心率及脉搏波,对自己的健康状况及时了解,尤其对于经常使用电脑的工作人员更加适合。本项目的创新点在于将脉搏波检测与鼠标功能结合。在正常使用鼠标时,大拇指触摸到的鼠标位置安置反射式脉搏波光电传感器对脉搏波进行无创检测,适用于经常使用电脑的工作人员。

作品背后的故事:

本组成员对课题的研究内容有强烈的兴趣,并且拥有较强的自主学习能力。成员吃苦耐劳、对科学研究抱有无限的热忱,信念坚定。指导老师杨琳对本课题有很深入的研究,可以指导和帮助我们顺利完成预期任务。通过对本项目的研究,锻炼和提高自身的科研和创新能力,从而可以提高自身的综合素质。

设计人:柴波(08101117)、邵常哲(08101124)、黄淼(08101118)

作品图片:

2.25　智能公路列车

所在学院:软件学院

作品名称:智能公路列车

指导教师:严海蓉

展品编号:2012 – ECAST – 038

作品摘要：

智能公路列车采用的控制方式是一种针对大物资、超长车身运输形式下的控制方式，车头和车厢采用独立动力、物理上完全分离，智能控制系统分布在车头和若干车厢上，组成一个控制网，控制车头和所有车厢的运行。

获奖情况：第八届 Digilent 电子设计大赛中国区决赛三等奖。

作品原理及特点：

智能公路列车采用的控制方式是一种针对大物资、超长车身运输形式下的控制方式，其很好地解决了传统以拖拽为动力的拖车在运动中安全系数低、对运动路径要求苛刻的问题。通过将整个车列组成一个小型局域网，每个车厢独立驱动，并通过相互之间的无线通信保持虚拟连接，在运动过程中采用传感器和速度反馈进行微调，实现了对超长车身运动中智能、灵活的控制方式，同时提高了车列的安全性。

作品背后的故事：

在开发过程中，我深刻地体会到了团队合作的重要性，在面对困难的时候，团队的集思广益是解决问题的最好办法，最终，我们形成了自己的团队理念。我们的团队以乐于尝试学习新的知识为基础，并努力将这些知识运用到实际应用中，同时在实践中去创新，最终我们相信，我们的创造力一定会改变我们的生活。

设计人：张杰（S201125017）、曹群生、李振中（S201125042）

作品图片：

2.26　基于 FPGA 的情绪检测程序与相关职能宠物的开发

所在学院:软件学院

作品名称:基于 FPGA 的情绪检测程序与相关职能宠物的开发

指导教师:严海蓉

展品编号:2012 - ECAST - 039

作品摘要:

采集脑电数据,无线通信到板卡上,对数据包解码、识别,读取情绪数据,控制外围"宠物"设备进行不同运动。

获奖情况:2012 年 6 月,第三届 OpenHW 开源硬件与嵌入式大赛全国二等奖。

作品原理及特点:

本系统由于在 FPGA 板卡上实现,无法运行传感器自带的读取通信程序,故而参照传感器通讯协议与数据格式,自行实现了控制及读取逻辑,相对于标准计算机平台,更加适合对于原始脑电信号进行滤波、运算、特征值提取及模式识别,便于实现对脑电所反映出的情绪及运动想象指令的识别。

作品背后的故事:

取得成绩后,回首才发现我们的项目在各种充满了时下热门的尖端技术的项目中毫不起眼,但到了最后,我们想起了一个已经毕业了几年的前辈曾经说过的话:大学是你最后一个能尽情做自己想做的事情的地方。在这里,你可以把你所有的时间都放在一些你自己热爱,但并不一定是有多大实际用途或经济利益的东西上。所以,只要你想尝试,努力地坚持,你会发现世界上的知识总有途径去学习,只要你能下定决心,勇敢地踏出第一步。

设计人:易文(09082101)、曹群生、鲍爽(10080020)、栗文雨(08570114)

作品图片:

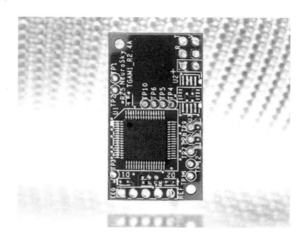

2.27 精美的激光水晶内雕

所在学院:激光工程研究院

作品名称:精美的激光水晶内雕

指导教师:陈继民

展品编号:2012 – ECAST – 042

作品摘要:

"无激光不创意,无激光不生活",激光水晶内雕是送亲朋好友最有创意的礼品,它科技含量高,上档次,备受年轻人的追捧。

作品原理及特点:

激光水晶内雕是制作高档水晶礼品的有效工具。激光内雕技术是将激光聚焦辐照于水晶内部,在该点形成微裂痕,根据点云分布移动光点在水晶内部形成多个微裂痕,这些裂痕组成线与面从而构成图像。

作品背后的故事:

受点云密度分布,激光参数等因素的影响,水晶内部热应力并不均匀,很容易产生裂纹。本作品就是在多次尝试,选择最优激光参数下,并根据设计对象的特点,制作而成。

设计人:胡星(S201113036)

作品图片:

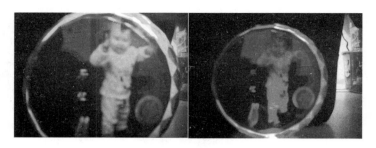

2.28　2012 年水晶台历

所在学院:激光工程研究院

作品名称:2012 年水晶台历

指导教师:陈继民

展品编号:2012 – ECAST – 043

作品摘要:

2012 年,龙年,一份精美的年历必不可少,晶莹剔透的水晶年历定会让你眼前一亮。

作品原理及特点:

年历是人们日常生活中必不可少的物品之一,将激光内雕技术与年历相结合,加上晶莹剔透的水晶,呈现不一样的艺术与科技。

设计人:黄超(S201113025)

作品图片:

2.29 校徽

所在学院:激光工程研究院

作品名称:校徽

指导教师:陈继民

展品编号:2012 – ECAST – 044

作品摘要:

激光内雕技术,配合一种全新的玻璃切割方法,实现了对水晶玻璃内雕、切割一体化过程,制作水晶校徽。

作品原理及特点:

激光内雕技术,配合一种全新的玻璃切割方法,实现了对水晶玻璃内雕、切割一体化过程,其过程分为内雕、切割两步,其中玻璃切割属于异形(圆形)切割,应用的是一种全新的基于微裂纹控制的激光切割技术。

作品背后的故事:

玻璃因为其特殊的材料性质,受到广泛应用,玻璃的加工备受关注,玻璃切割一直是一大难题,传统的机械切割质量差,且难以完成异形切割。新兴的激光切割技术提高了玻璃的切割质量,但是在异形切割方面仍然具有局限性。该作品中玻璃切割原理有别于以往的"控制裂纹法",而是一种全新的"微裂纹控制法",成功实现异型切割。

设计人:黄超(S201113025)

作品图片:

2.30 校球

所在学院:激光工程研究院

作品名称:校球

指导教师:陈继民

展品编号:2012 – ECAST – 045

作品摘要:

2012 年,羽毛球被我校定为校球,特此纪念。

作品原理及特点:

2012 年,北京工业大学将羽毛球定为校球,为此激光创意实验室特地制作了"校球"这一内雕作品。该作品利用激光对水晶玻璃的刻蚀作用,将预设的3D 图形雕刻在水晶内部,形成精美图案,纪念校球的诞生。

设计人:袁建文(S201013015)

作品图片:

2.31 廊坊新区会所景观设计

所在学院:艺术设计学院

作品名称:廊坊新区会所景观设计

指导教师:王今琪

展品编号:2012 – ECAST –048

作品摘要:

通过对植物塑造空间的基本特征、基本手法、营造方式的研究使得景观与周围环境条件既统一又有特点。

作品原理及特点:

通过对植物塑造空间的基本特征、基本手法、营造方式的研究使得景观与周围环境条件既统一又有特点。研究了新古典主义风格景观的全新表达,强调了轴线的仪式感,特别运用植物造景,塑造了丰富有趣的小空间。

作品背后的故事:

由于作品完全通过手绘图纸、手绘效果图及实物模型完成,方案阶段需要绘制大量的草图,完成方案的推敲、调整,直至定稿,工程量很大,经常熬夜操作,非常辛苦。实物模型在学院木工工作室加工完成,机器切割,手工制作,为模拟真实的夜景照明效果,特在模型中加入 LED 灯带,很好地表达了方案效果。

设计人:陈晨

作品图片:

2.32　基于 DSP 的平板电脑与无线智能家电控制系统

所在学院:实验学院

作品名称:基于 DSP 的平板电脑与无线智能家电控制系统

指导教师:刘军华、王卓峥

展品编号:2012 – ECAST – 052

作品摘要:

实现具有基本功能的嵌入式掌上平台,同时利用其实现家庭视频监控及无线智能家电控制(智能家居)。

获奖情况:2012 年 5 月,2011—2012 年 TI DSP 及嵌入式大奖赛。

作品原理及特点:

本课题基于 TI(德州仪器)高性能 ARM + DSP 双核处理器 OMAP3530 处理器,实现具有基本功能的嵌入式掌上平台,完成了触摸屏显示、串口通信、SD 卡通信、音频输入输出、复合视频输出、按键控制等多种扩展功能,以及 Android、Linux、WinCE 操作系统的移植及相关应用程序的开发,同时利用"平板电脑"实现家庭视频监控及无线智能家电控制(智能家居)。

设计人:卞婷婷、李玖伟、邱健康

作品图片:

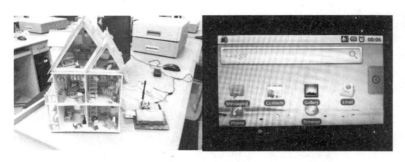

2.33 节能技能车"实验之星 II 号"

所在学院:实验学院

作品名称:节能技能车"实验之星 II 号"

指导教师:郭瑞莲

展品编号:2012 – ECAST – 053

作品摘要:

使用 Honda 低油耗单缸 4 冲程发动机,根据选手构思动手设计,制作赛车,创造出以表达环保为主题的车身,达到限用一升汽油行驶更远距离,并最大限度地降低废气排放。

获奖情况:2012 年 11 月,第 6 届 Honda 中国节能竞技大赛。

作品原理及特点:

此作品是为了宣传节能环保理念,由 Honda 总公司提供的 0.125L 发动机为动力,自己设计组装赛车。在技术设计上,学生采用前二后一轮的底盘设计、无纹赛车轮胎、在原发动机上换装节能化油器、轮轴加工成顺向转动式、离合器为离心式等技术,使得车辆在保持其原有性能的同时能最大地节省燃料,在同样的油耗下跑出更远的距离。

作品背后的故事:

在制作过程中,全力以赴克服遇到的各种困难,特别是在经费紧张、自我储备知识有限、平时学习时间紧张的情况下。终于,在指导教师们的激励下,在机械师和车手的共同努力下,在校外师傅们的帮助下,经过项目的调研和设计、开发、论证、修改,最终完成了作品的加工、组装和调试。

设计人:张锦硕、冷朝阳、孙丽坤

作品图片:

2.34　LED 旋转显示屏

所在学院:实验学院

作品名称:LED 旋转显示屏

指导教师:邱菊、严峰

展品编号:2012 – ECAST – 054

作品摘要:

LED 旋转显示屏 51 单片机 AT89S52 作为系统控制处理器,以电机带动上方电路板高速旋转,高亮度 LED 灯在高速的旋转下引起人眼的视觉停留,可看到类似于显示屏的效果。二极管测量装置可以测量发光二极管的伏安特性。

获奖情况:2011 年北京市大学生物理实验竞赛一等奖。

作品原理及特点:

底座部分为木质手工打造,内有电机和电源部分电路,用两个三极管产生交变信号,通过两个互感线圈将电源无线输送至上方电路板。线圈加一铁磁芯使互感现象更加明显,显著增加电源的传输效率。上方电路主要就是稳压模块,控制模块和 LED 灯组模块,文字由汉字取模工具生成点阵图像,用自主编写的算法程序进行输出显示,结合一个红外中断,达到稳定显示滚动文字的效果。

作品背后的故事:

在一次科技馆的参观中,我和我的组员看到了类似于我们做的旋转灯的模型。起初我们还以为它是一个球面的屏幕,等我们看过介绍之后才知道这个这是由一排 LED 高速旋转并利用人眼的视觉停留效应,看到的类似显示屏的效果。回学校之后我们查阅了相关的详细介绍。通过这次制作旋转灯,我们增强了团队合作精神,学习了专业知识,将书本上的内容实现在现实中,非常有成就感。

设计人:王晓萌、李元申、袁芳

作品图片:

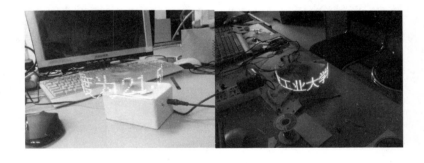

第三章

2013 年北京工业大学科技节科技成果

科技节已经成为一年一度的科技盛会,成了我校人才培养质量和学生创新实践成果的展示平台,更成了产学研协同创新成果的展示舞台。在成功举办前两届科技节的基础上,本届科技节在组织形式上有所创新,深化"自下而上"的工作思路,以同学的需求为着眼点,提升活动的吸引力,树立品牌,鼓励学院间合作和学科间融合,更好地促进交流与合作,充分激发学生创造性与积极性。本届科技成果展汇集了来自 15 个院所、10 个研究生工程实训室、15 家校外产学研合作基地的近百件科技成果,跨学院和本科研究生组合团队的作品数量较往年有很大的提高。

3.1　地面移动机器人通用底盘

所在学院:机械工程与应用电子技术学院

作品名称:地面移动机器人通用底盘

指导教师:孙树文

展品编号:2013 – ECAST –001

作品摘要:

这一款机器人能运用于各个领域。其主要特点为在通用底盘上能接上不同的机械臂,从而实现各种各样的功能。这款全向机器人小车底盘,还能通过测量机器人小车的运行速度,使小车的速度控制在人们需要的范围内。

作品原理及特点:

基于全向轮的机器人小车底盘的设计、制造及其速度的测量及自动控制研究,将为今后的实际应用做好充分的理论研究准备。速度控制是机器自动控制的基础。对于任何机器,控制其运行速度在人们想要的范围内是至关重要的,全向小车速度控制系统旨在研究小车底盘速度控制,测试小车的运行速度或控制小车速度在人们需要的范围内,为将来将本技术应用到实际做好充分的理论分析及模型研究。

作品背后的故事:

作品的设计制造过程,也是一次极好的自我锻炼过程,在星火基金前期设计的小车基础上,借助测试技术平台,我们添加了不少新的功能。在这过程中,团队遇到了重重的阻力也积累了宝贵的经验,在排查电路错误的过程中,我们掌握了许多检验电路的方法。在机械部分完成之后,单片机和电路板便实现了有效的联通,同时小组成员又在短短的时间内自学了单片机,成功地完成了单片机部分程序的编写。

设计人:吕彬(10010325)、赵帅(10010323)、燕少博(10010133)、石健(10010120)

作品图片:

 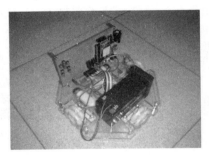

3.2 无碳小车

所在学院:机械工程与应用电子技术学院

作品名称:无碳小车

指导教师:赵京、高国华

展品编号:2013 – ECAST – 002

作品摘要:

本小车动力部分采用滚珠丝杠机构,转向部分采用摆杆凸轮机构,为了保证曲线精确,后轮采用分体设计,使用了差速器。

获奖情况:2012 年 12 月 16 日北京市第二届大学生工程训练综合能力竞赛三等奖。

作品原理及特点:

本车的动力部分采用滚珠丝杠机构,丝杠末端串联内齿,通过内齿减速,驱动摆杆凸轮机构进行转向以及控制小车前进,从而将重物下降的直线运动转化为丝杠的回转运动,为小车的前进和转向提供动力;转向部分采用摆杆凸轮机构,选择余弦曲线为小车的运动轨迹,通过余弦曲线一个周期内角度变化规律,反推得到凸轮曲线,通过形封闭的凸轮直接将丝杠的回转运动转化为摆杆的角位移变化,实现小车自动转向;后轮部分采用分体设计,中间布置差速器,因小车回转半径相对于两后轮半径较小,故差速器能保证小车转向轨迹的准确性。

作品背后的故事:

通过此次无碳小车的设计与加工,我们明白了对待科学一定要有"三心",即细心,专心与耐心。在设计过程中一定要从全局考虑,尽量全面而准确地考虑问题,在加工时要将学习的专业知识应用到实践。总之,小组成员获益匪浅。

设计人:刘润田(10010427)、李明智(10013101)

作品图片:

3.3　仿生机械鸟的设计与制作

所在学院:机械工程与应用电子技术学院

作品名称:仿生机械鸟的设计与制作

指导教师:余跃庆

展品编号:2013 – ECAST – 003

作品摘要：

仿生机械鸟主要由机械系统和控制系统组成，具有高仿生度，可像鸟类一样扑翼飞行。根据海鸥和信天翁的飞行特点，进行仿生度较高的机械鸟的设计与制作，包括空气动力外形设计、机构设计、控制设计、加工制作与安装调试。

作品原理及特点：

扑翼飞行是自然界中动物飞行最优的方式之一。扑翼飞行器与固定翼和螺旋桨飞行器相比具有高气动效率、大载重、易起降等优点，可以运用在载人交通、无人机等方面。目前与单关节机械鸟的有关技术虽然已相对成熟，但对于双关节、大翼展、高仿生度的机械鸟的研究仍处于起步阶段。在对鸟类的飞行机理进行分析的基础上，从仿生学角度对扑翼机构进行了方案研究，并对扑翼机构杆长的优化设计，得到了双关节、高仿生度、高稳定性的两级四连杆扑翼机构。利用 Solidworks 2011 软件进行了扑翼机构的三维建模、主要零件的应力分析和扑翼机构的运动学分析。进行了翼型、翼骨的设计与建模，并总结出了 4 项机械鸟翼型的仿生学设计要点。通过对鸟类拐弯机理的研究，完成了尾翼的设计。然后，分别进行了机械鸟的绕杆飞行、抛投和自主起飞实验。分析并解决了扑翼升力变化、左右扑翼不平衡问题，找到了机械鸟自主起飞的机理和要素，提出了通过重心调节以实现原地起飞的方案。最终，实现了机械鸟的飞行。

作品背后的故事：

考虑到国内仿生扑翼研究水平的相对落后以及仿生学的技术推动作用，在 2011 年，已经开始了仿生机械鸟的研发。由于项目涉及的知识领域相当宽，在项目开展中遇到了很多困难。但是，通过前期的充分调研，以及在指导老师余跃庆教授的帮助下，通过不懈努力，最终成功实现了机械鸟的制作与飞行。

设计人：李清清（09010130）

作品图片：

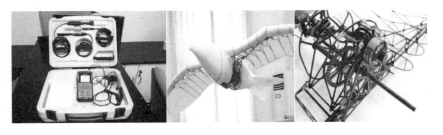

3.4　中医养生健康系统

所在学院：电子信息与控制工程学院

作品名称：中医养生健康系统

指导教师：胡广芹、张新峰、刘佳、李建平

展品编号：2013 – ECAST – 004

作品摘要：

利用网络等相关科学技术，设计更合理、人性化、方便医患交流的中医健康服务体系。结合养生粥、茶，发挥中医国粹的魅力，发扬食疗文化，寓治于食，营养价值更高，食用方便，提高大家饮食健康与保健养生意识。

作品原理及特点：

食物含有人体所需的各种营养物质，利用食物性味方面的偏颇特性，能够有针对性地用于某些病症的治疗和辅助治疗，调整阴阳，使之趋于平衡，有助于疾病的治疗和身心的康复。因此，食疗法适应范围较广，寓治于食，无副作用，在享受美食中达到防病治病，人们更容易接受。本作品创新点在于弃中药苦口难咽之弊，扬药膳调理保健之利，结合网络科技方便之效，保身体平衡康健之益。

作品背后的故事：

跟随胡广芹老师在门诊学习的过程中，我深刻体会到"健康是人类最大的财富"这句话的真谛，不管你有多少财富和荣誉，没有了健康一切都是零。由此，我们学习中医"治未病"的思想，结合互联网技术，设计更加人性化的中医健康管理系统，能够实现中医体质测评、建议饮食等功能，满足人们更方便快速地了解自己的体质，做到提前预防提前保健。

设计人：张艺凡（S201202099）、龙丽英（S201202097）、曲玲玲（S201202101）、

王亚真（S201202066）、张静（S201202106）、王特（10142204）、谢赛（11101113）

作品图片：

3.5　输电杆塔防雷设施安全状态监测系统

所在学院：电子信息与控制工程学院

作品名称：输电杆塔防雷设施安全状态监测系统

指导教师：王铁流

展品编号：2013 – ECAST – 005

作品摘要：

2013年1月北京工业大学第六届"挑战杯"一等奖、2013年第七届"挑战杯"首都大学生课外学术科技作品竞赛二等奖。

作品原理及特点：

作品原理：1. 进一步对罗氏线圈测量冲击电流的理论以及方法进行了研究，设计了适合杆塔上安装的雷电流检测器。2. 选定耦合式接地电阻测量方式，设计并制作出一种双耦合式接地电阻传感器。3. 以STM8L单片机为核心，设计出接收雷电传感器与接地电阻传感器信息的通信端机，配以GPRS无线模块将采集信息上传，结合上位机数据管理软件与GIS实现整条输电线路的防雷状态显示。4. 在雷电监测端机上扩充了用于监测塔体倾摆姿态测量单元，采用一种MEMS三轴加速度传感器，借助卡尔曼滤波器进行数据融合。

作品背后的故事：

为了提高高压电网安全运行的可靠性，我们团队有机会加入了这一项目的研发、现场调试等诸多工作，一路走来感慨颇多。看到一个完整的产品从设计到试用的整个过程。作为一个未来的工程技术人员来说，我们感到这些经历和机会非常难得,大家感到过快乐也有过迷茫,但我们都得到了很好的成长。不管是对于科学严谨的态度还是理论与实践的结合,我们都有了积极的、各自不同的理解。除此之外,我们也发现了各自的不足,在以后的工作学习中可以更好地认识自己,改正自己,从而做到最好的自己!

设计人:岳晨(S201102179)、白贻杰(S201102070)、张倩(S201102069)、
郭彤旭(S201202005)

作品图片:

3.6　高铁钢轨安全状态无线远程监测装置

所在学院:电子信息与控制工程学院

作品名称:高铁钢轨安全状态无线远程监测装置

指导教师:王铁流、王瑛、种道玉

展品编号:2013 – ECAST – 006

作品摘要:

2013 年第七届"挑战杯"首都大学生课外学术科技作品竞赛一等奖

作品原理及特点:

我国现使用人工定期检查和动态检测等方式。这些都得在不通车的情况下人工现场操作,数据不能实时被在途列车获取。该作品是一种新的路轨检查的补充方法,是一种成本低、简单方便、安装在路轨现场的远程无线监测设备。

1. 采用自行研制的背靠背式双探头差动式位移传感器检测轨道位移,避免高速

列车通过时,轨道回流产生的共模干扰;2. 采用自行研制的基于逆压磁效应的阻抗测量方法,检测钢轨应力的变化情况,在精度要求不高和成本苛刻的情况下,避开了目前靠粘贴应变片的应力检测方法,更适合大量使用;3. 采用三轴加速度传感器和嵌入式处理器,配合卡尔曼滤波算法,提取了与路轨安全结构相关的动态振动信息,为进一步的分析处理提供数据;4. 采集端机以 GPRS 通信模块进行无线传输,采用了休眠唤醒方式,降低系统功耗,更加适合太阳能独立供电。

作品背后的故事:

路轨是高速铁路线路最为关键的基础设施。目前,京沪、京广、哈大高铁都已顺利开通。高铁无砟轨道的钢轨、轨板与路基桥梁的错动、上拱是直接影响列车运行安全的主要因素。本作品部分替代原有的人工定期检测和设备动态检测,减轻了巡检工人的工作量。团队由电控学院和建规学院的同学组成,电控队员完成了作品系统部分,建规队员负责模型制作和包装等。

设计人:周尚(S201202191)、周超(S201102012)、郭彤旭(S201202005)、张倩(S201102069)、张璋(S201102180)、冯飞雪(S201102016)、苏文(S201112046)

作品图片:

3.7 基于 BF609 的电子稳像系统

所在学院:电子信息与控制工程学院

作品名称:基于 BF609 的电子稳像系统

指导教师:吴强

展品编号:2013 – ECAST – 007

作品摘要：

本作品是基于 ADI 公司提供的 BF609 处理器,实现的一套软件算法与硬件系统相结合的实时电子稳像器,它能很好地识别一定频率和振幅范围内的抖动,从而分离运动和抖动,以保证机载系统运动过程中对视频的实时稳像处理。

获奖情况:2013 年 5 月获 ADI 全国创新设计大赛 DSP 组一等级。

作品原理及特点：

本作品提出了一套快速并行的电子稳像算法。首先,针对传统运动估计算法过于复杂,难以应用于实时系统的问题,设计了一种基于 FAST 特征量的快速局部运动矢量估计算法。其次,设计了一种基于分区的并行全局运动矢量估计算法,实现各局部运动矢量的并行处理,最终快速估计出全局运动矢量。然后,设计了一种基于 Kalman 的运动滤波算法,可有效分离出复杂拍摄环境下摄像机的正常扫描运动和抖动。

作品背后的故事：

我们的团队成员具有多年嵌入式系统开发经验,并且主要从事 DSP 处理器的应用,从研三到研一三个人组成的团队,也是为以后设计和应用的承前继后做准备。

非常感谢我们的导师吴强老师,在他的指导下我们突破了一个个问题,使整个作品顺利完成,并取得了这样的成绩。在这个过程中我们也学到了很多的东西,很多知识的漏洞也得到了填补,并且经过了这一阶段,对于团队合作及意志品质也得到了极大的锻炼。对我们来说这是一个提升,希望在以后的日子里可以得到更多的锻炼,可以为学校争光。

设 计 人：刘 天 奇（S201202205）、张 浩 龙（S201002066）、茅 雪 涛（S201102186）

作品图片：

3.8　基于移动终端的信号控制监测与评价系统

所在学院:建筑工程学院

作品名称:基于移动终端的信号控制监测与评价系统

指导教师:赵晓华、翁建成

展品编号:2013 – ECAST – 012

作品摘要:

我组开创性地将仿真软件与真实信号机结合在一起,并将监控与评价系统搭建在安卓平台上。建立了一套完整的基于移动终端的信号控制监测与评价系统。交警通过该系统既能实时监控交叉口的信号机,又能对自己调整的控制策略进行有效性评价继而优化改善。这对交叉路口交通的流畅和安全有重大意义。

获奖情况:2013 年 3 月北京工业大学第六届"挑战杯"课外学术科技作品竞赛校级三等奖、2013 年 5 月第八届全国交通科技大赛全国三等奖。

作品原理及特点:

本移动终端系统设计理念摆脱了各种庞大设备的束缚,突破了硬件在空间上局限性。可通过其中的上位机软件子模块实现对信号机的相序,配时方案、灯态等信息进行远程监测与控制,并最终将信号机监测和评价效果呈现于安卓平台。该系统已经在智能交通信息与信号实训平台使用,培训交警实地调整和评价信号机控制策略,最大限度地发挥信号机的控制效果。

作品背后的故事:

团队由来自三个学院的同学组成,学科交叉较大,因此在作品制作过程中遇到的问题也很多,但在老师和学长的帮助以及团队成员的通力合作的努力下将困难一一克服。也由于学科交叉,每个成员不仅增强了团队合作意识,更学到了本专业以外的知识,开阔了知识面,对以后的科研工作有很大的帮助。

设计人:王昌(10046127)、刘迪(10024212)、张政(10046107)、杨鹏飞(11070014)

作品图片:

3.9　B2－公交车传递公共自行车系统的研究与设计

所在学院:建筑工程学院

作品名称:B2－公交车传递公共自行车系统的研究与设计

指导教师:严海、熊文

展品编号:2013－ECAST－013

作品摘要:

作品希望通过对公共自行车、公交车站台、CBD 核心区枢纽的再设计,将公共自行车系统与公交车系统有机结合,为人们提供一种绿色便捷公共交通出行方式,促进人们出行方式的转变。

获奖情况:2013 年 5 月第八届全国大学生交通科技大赛二等奖。

作品原理及特点:

公共自行车采用折叠设计,减少占用空间;B2 车站使用电磁吸附装置和轨道传送装置,当公交车进入公交车站时,处于公交车顶部的停放架将被车站顶部的磁铁吸附上去,然后载着自行车的停放架顺着滑轨运行到公交车站侧墙上,行人从公交车上下来后便能顺利取到自行车,取自行车这一过程不会产生不必要的延误,非常方便快捷。枢纽采用无干扰设计,公交车与公共自行车由不同道路驶向目的地。

作品背后的故事:

我们的团队由建筑工程学院和建筑规划学院的学生组成,很好地结合了来自不同的专业背景的学生的知识,在作品的完成过程中,每个人都很好地发挥了自己的能力,使我们的作品兼顾力学的结构与良好的设计感。

　　在作品创作的过程当中,我们经历了模型的设计到材料的购买,再到模型的制作的几个步骤。在这个过程当中,我们锻炼了团队合作能力以及整体计划工作的能力。虽然制作的过程辛苦并伴有偶尔的意见不合,但经过与组员的相处、讨论,我们也遇到了十分愉快以及丰富的经历。

　　设计人:尹子坤(10046216)、程欣(10046121)、郝明阳(10046118)、李扬(10040206)、巩冉冉(10123122)

　　作品图片:

3.10　风光电互补节能车

所在学院:环境与能源工程学院

作品名称:风光电互补节能车

指导教师:冯能莲

展品编号:2013 – ECAST – 014

作品摘要:

　　通过理论建模和实验验证,设计并搭建了风能、太阳能、电能互补的节能车。可对风能、太阳能加以收集,并且在行驶过程中回收制动能量,同时通过电池均衡系统将不同来源的能量进行平衡。在延长电动车的续驶里程的同时保证了电池寿命,对节能和减排有积极的意义。

　　获奖情况:2013 年 5 月北京工业大学节能减排二等奖。

　　作品原理及特点:

　　通过仿真和实验确定并搭建了风能、太阳能和制动能量回收三种互补的能量来源,并通过电池均衡系统将多种能量来源均匀地分配到各个动力电池当中,实现了能量来源的多元化和多种能量来源的均一化。风光电互补电动车电池总电量为 480Ah,通过风光电互补可以至少提供超过四分之一的电能,起到了节约能源和减少排放的作用。

作品背后的故事:

北方大气状况的持续低迷亦是受到了人们的广泛关注,其中汽车尾气的污染占到很大一部分因素。而太阳能和风能,这两种可再生的绿色能源存在于我们普遍的日常生活中,如果将两者收集并进行合理的转化应用,将为我们的生活带来巨大的环境收益以及经济价值。我们考虑对不同来源的能量以及由于电动车自身的问题所带来的能量不均衡问题进行了研究,制作了电池能量均衡系统。通过对仿真和实验结果对几种能量来源进行协调,并讨论其在电动车上普及应用的可能性。

设计人:占子奇(S201105097)、潘阳(S201205104)、王国瑞(S201205023)、李瑞民(11056322)、王超(11056303)

作品图片:

3.11　一种可用于染料脱除的新型纳滤膜及装置

所在学院:环境与能源工程学院

作品名称:一种可用于染料脱除的新型纳滤膜及装置

指导教师:纪树兰、秦振平

展品编号:2013 – ECAST – 015

作品摘要:

本研究小组选取了一种双亲性的超支化聚合物作为原料,利用其可自乳化的性能,在水相中制备成膜,生成一种具有较为疏松结构的复合膜。该作品满足了在保持较高通量的同时,提高染料的回收率而降低无机盐的截留率,并具有工业化前景。

获奖情况:2013 年 5 月北京工业大学节能减排一等奖。

作品原理及特点:

本研究小组选取了一种双亲性的超支化聚合物作为原料,利用其可自乳化的性能,在水相中制备成膜,生成一种具有较为疏松结构的复合膜。该方法操作简单易行,原料低廉易得,且整个操作过程中条件温和,不引入其他试剂,减少了产品的污染和化学试剂的排放。该方法具有一定的工业应用的潜力,制备的复合膜对甲基蓝的回收率可保持 96% 以上,而通量可达到 54L/m^2h;对刚果红的回收率可保持 95% 以上,而通量可达到 45L/m^2h。

作品背后的故事:

为了寻找一种能用于染料制备过程中的纳滤膜,4 名学生(环能学院研究生两名,本科生环境工程专业两名)走到了一起,开始了探究之旅,解决了材料的选择、方法的确定等方面的问题,最终制备出了一种通量大,对染料截留率高,对盐截留率低且性能较为稳定的纳滤膜。整个过程中小组成员各司其职,精诚合作,终于达到了小组的目标,这次独特的合作体验也使得小组成员建立了较深的友谊。

设计人:汪林(S20115057)、张蓉(S201205063)、左志强(10055120)、杜睿(10055128)

作品图片:

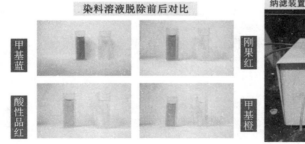

3.12　一带热回收功能的单通道智能型房间双向换气装置

所在学院:环境与能源工程学院

作品名称:一带热回收功能的单通道智能型房间双向换气装置

指导教师:马国远

展品编号:2013 – ECAST – 016

作品摘要:

2012 年 7 月第六届全国大学生制冷空调竞赛三等奖。

作品原理及特点:

强制换气工作模式:CO_2 传感器检测室内 CO_2 浓度,当室内 CO_2 浓度超出控制面板设定上限值后,启动换气装置,通过改变风机转向为室内交替补充新风和排出旧风,新旧风在热回收芯体内进行热量交换,达到回收热量的目的,随着新风的不断补入,室内 CO_2 浓度降低到控制面板设定下限值后,停止换气装置。

自然换气工作模式:当室内外压差较大时,可通过自然动力实现向室内补给新风,向室外排出旧风,零工耗回收热量。

创新点:1. 采用一个双向风机置于室外,一个通风口,降低室内噪声和灰尘污染,节约室内空间;2. 新旧风交替反向经过热回收芯体,可回收热量,且具有自净功能,节能环保;3. CO_2 传感器控制补新风过程,能够按需供应新风,具有节能,智能化,人性化的特点。自然换气工作模式下,零功耗实现回收热量,极其节约能源。

作品背后的故事:

首先是在确定并已着手进行项目时遇到很大的困难,对于定什么样的预期成果进行了认真周密的考虑,预期成果过大,容易造成落空,难以兑现;预想成果过小,则容易申报失败,类似桥牌中的叫分,充满博弈。另外在项目计划方面也是一个比较困难的地方,所谓万事开头难。其次,能够制订好计划后,按照计划去实施的过程中依然出现了很多很多问题,而这些问题是在先前根本预料不到的。但是在组内成员以及外部人员的共同努力协作下,装置实物最终得以良好地呈现出来。总之,在研究过程中我们能够以良好的心态去积极、努力地解决各种问题,课题组成员之间有很好的沟通,才使得课题进展能顺利完成。

设计人：张思朝（S201005048）、王海豹（S201005040）、张小琳（S201105035）、樊旭（S201025005）

作品图片：

3.13　丝杆式重力发电机模型

所在学院：应用数理学院

作品名称：丝杆式重力发电机模型

指导教师：杨旭东、刘敏蕾

展品编号：2013 – ECAST –017

作品摘要：

该装置进行发电的设备,结构简单,垂直摆放,占地面积小,不需任何电力,且可以实现批量生产。

作品原理及特点：

制作该设备的动因是刘敏蕾老师曾向我们介绍了英国伦敦设计师马丁·瑞德福和吉姆·里弗斯设计过一款类似的重力灯。我们制作的设备是利用人力将物体抬升到一定的高度,之后再利用丝杆对重物下落速度的控制驱动发电机转动,最终带动照明设备的几秒时间的照明,起到了无源应急灯的效果。创新点在于利用重力作为驱动进行发电,节能环保;结构简单,操作方便;用带齿轮的丝杆作为传动,不易损坏。最可行之处在于该设备可以在短时间内实现产品化。

作品背后的故事：

2013 年的寒假一过,我们就进入了大学物理演示实验室,断断续续地开始了准备、制作。为了完成制作,小组成员自学了制图,为了切割有机玻璃材料学习了 CorelDRAW 绘图软件,用激光雕刻机雕刻出了精致的配件。经过这次设备的制作,我们的体会是:确立一个目标很容易,但是否能够坚持、是否最终完成却不是那么容易的事情。但如果你坚持完成了一个目标,那结果必定是成功的体验、是自我的肯定、是对自身能力的培养。

设计人:王翰雄(12118107)、陈向枭(11056122)、李汉尧(12610125)、
黄伟男(11061122)

作品图片:

3.14 音频定距声速测量仪

所在学院:应用数理学院

作品名称:音频定距声速测量仪

指导教师:王吉有

展品编号:2013 – ECAST – 018

作品摘要:

2012 年 11 月北京市大学生物理实验竞赛一等奖;2013 年 6 月第七届"挑战杯"首都大学生课外学术科技作品竞赛二等奖。

作品原理及特点:

传统超声波法测声速的几个问题:1. 接收信号端最大值的不可预知性,导致了空程差难以避免;2. 信号漂移问题;3. 峰值难找问题。我们设计的新型测

量声速方法,从根本上解决了空程差与信号漂移问题,而且实验装置得到了大大的简化,成本降低。并且我们获得了仪器的最佳配置和测量条件,更加适用于在普通物理实验中进行推广。

作品背后的故事:

作品灵感来源于普通物理实验,一次偶然的声速测量实验,我们发现学校的测量装置测出的结果和预期的总是有很大的差距(10倍左右),于是我课后请教老师,老师便让我再多做几次这个实验,结果还是一样。于是,我大胆地提出了猜想,这套超声波法测声速的实验装置设计原理上有问题。通过反复实验与理论分析,我们总结出了超声波法测声速的几个问题。

于是,我赶紧找来小组成员,对仪器进行调试测量,测量结果非常的好,相对误差均在0.35%以内,比原本的误差提高了10倍之多! 之后,我们把实验内容写成了论文发表在了《物理实验》上,对于两种新型方法,在老师的建议下我们也申请了实用新型专利,并且获得了批准! 这次的创作让我坚定了坚持不懈的科研心态,有时可能离成功只有一步,但是只有坚持走完这一步,你才看得到成功背后的光彩!

设计人:何雨航(11061120)、韩媛媛(11061222)、王翀(10070607)

作品图片:

3.15　智能远程遥控电磁武器平台

所在学院:应用数理学院

作品名称:智能远程遥控电磁武器平台

指导教师:王吉有、王术、彭月祥

展品编号:2013 – ECAST –019

作品摘要：

2012北京物理实验竞赛一等奖；2013年第七届"挑战杯"首都大学生课外学术科技作品竞赛一等奖。

作品原理及特点：

本发明是一种智能操控的电磁武器，成功地将物理学原理，网络技术，计算机技术，机械控制理论合而为一，进将而物理学原理运用到实际当中。本发明可以代替人去执行危险的任务，如：狙击、探测、监视等。控制人员可以根据搭载的传感器对目标实进行监测，进而实施精确打击，而且所搭载的电磁炮噪声和热效应极小，不易被探测，大大增加了隐蔽性，是主导未来战场的"无生"力量。结合计算机技术、网络技术、机械原理研究物理效应并将其应用化，具有很强的战略和现实意义，前景广阔。

作品背后的故事：

因为有了梦想，便只顾风雨兼程。工作室组建之初，面对着一穷二白的窘况，3个人靠着节衣缩食省下来的生活费艰难地"经营"着自己的梦想。资金的拮据永远不会阻挠逐梦者的征程。实验室的每个角落都堆满了发明半成品、成品，黑板上写满了方程式、论证原理，一笔一画无不闪耀着智慧的光芒。一项科技作品的研发从来都不是一蹴而就的，论证再严密的理论在应用和实践中也会遇上各种难题。团队成员杨光说，一个难题接着一个难题的出现并不是最困难和痛苦的事情，几十个难题一起出现才是巨大的挑战。这个时候大家就会不分昼夜地讨论解决办法。而随着来自计算机学院、机电学院、环能学院等新成员的加入，团队更加焕发出勃勃的生机。

设计人：杨光（10061104）、邵泽群（10061114）、蒋晓冬（10062328）、吴岩（10021202）

作品图片：

3.16 蓝牙微型打印机

所在学院:计算机学院

作品名称:蓝牙微型打印机

指导教师:韩德强

展品编号:2013 – ECAST – 020

作品摘要:

本系统基于低功耗微控制器与无线通信技术,通过分析微型打印机机芯 M150 – II 的结构与时序,根据蓝牙模块接收的控制命令与数据信息实现了打印功能。具有低成本、低功耗、免连线、易控制、可维护性高等优点,具有较高的应用价值。

作品原理及特点:

当前市面上打印机产品较多,而蓝牙打印机则相对较少。本作品提出了一种使用蓝牙技术进行通信的无线微型针式打印机设计。该系统具有低成本、低功耗、免连线、容易控制、可维护性高等优点,适用于各种需要简单打印的应用场合,具有较高的应用价值。系统可以打印 6×8, 8×16 ASCII 字符集与 16×16 各种字体的汉字,支持部分 EPSONESC 打印命令,可以控制打印机进纸,修改字符间距。实现了中英文混合输入的打印。编写了 PC 端打印机控制程序,可以根据用户输入的文本与格式完成打印,使得用户可以轻松对微型打印机进行控制。

作品背后的故事:

本作品设计的初衷是可以在移动终端上通过蓝牙或 WiFi 等方式来打印一些简单的文档,简化人们的日常生活,该作品同样可以用作无线 POS 机系统的一部分。

设计人:徐晟(09101125)、马骏(S201107027)

作品图片：

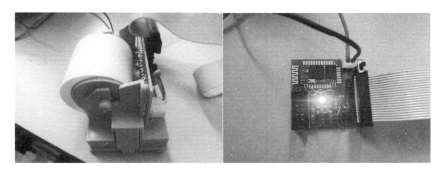

3.17 基于移动设备的家电集中控制系统

所在学院：计算机学院

作品名称：基于移动设备的家电集中控制系统

指导教师：韩德强

展品编号：2013 – ECAST – 021

作品摘要：

基于移动设备的家电集中控制系统实现了对家电的集中控制，在一台移动设备上可控制多个家电的功能，给用户带来不一样的体验。移动设备通过蓝牙/红外转换模块发送红外信号，从而达到控制家电的目的。另外，本系统还具有红外信号自学习功能。

作品原理及特点：

该系统基于低功耗微控制器、蓝牙和红外技术，设计并实现了蓝牙/红外转换模块以及相应的移动设备软件。相比于传统的遥控设备，该系统具有更高的灵活性、扩展性和通用性，移动设备与转换模块之间通过蓝牙通信，信号传输无方向性要求，并且通过蓝牙遥控器软件能快速连接、切换目标设备，快捷方便。蓝牙/红外转换模块采用电池供电，具有低电量检测功能，方便实用，红外遥控适用于不同的编码格式，实现了遥控器的通用化。

作品背后的故事：

从硬件设计到固件程序编写，再到 Android 应用程序的编写，每一步都是一次全新的学习机会。尤其在硬件设计方面，原理图设计、PCB 布线、板子焊接这些都需要向老师、师兄请教经验。通过对本系统的设计,真正学习到了完成一个系统的方法,体会到了软硬件设计的魅力,加深了继续深入学习的决心。同时,感谢韩老师的指导以及几位师兄的帮助,在他们身上学习到了各种知识以及严谨的作风。

设计人:徐伟诚(09062325)

作品图片:

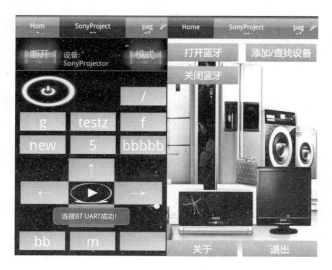

3.18 基于谷歌地球的名胜古迹游览系统

所在学院:计算机学院

作品名称:基于谷歌地球的名胜古迹游览系统

指导教师:韩德强

展品编号:2013 – ECAST – 022

作品摘要:

本作品为基于英特尔凌动处理器嵌入式平台设计并实现的互动式名胜古迹游览系统。通过无线运动检测模块用户的运动信息,对名胜古迹三维场景进行相应变换,加上文字、声音等多种形式的介绍,可使用户获得身临其境的游览体验。

获奖情况:2012 年 7 月英特尔杯大学生电子设计竞赛嵌入式系统专题邀请

赛全国二等奖。

作品原理及特点：

本系统利用高灵敏度的加速度传感器和陀螺仪检测人体的运动信息，并通过无线方式发送到无线接收端，再经 USB 接口传入系统的核心——凌动处理器平台，平台上的软件对收到的运动数据进行分析处理之后，实时地变换三维场景。为了丰富系统的内容，为三维场景中许多标志性的景点添加了图文和音频的简介信息，用户走到相应的地方就会智能地展示出来。

作品背后的故事：

开发的过程中遇到了很多的困难。比如无线运动检测模块中传感器电路的设计、无线数据传输的稳定性、WES2009 嵌入式操作系统的定制、本地应用程序嵌入谷歌地球、谷歌地球中数据的操纵、系统内所有内容的数据库组织、多传感器数据融合算法、动作识别算法。经过查阅相关资料和老师指导，最终我们解决了这些问题，从中学到了很多课本上学不到的知识和解决问题的思路方法，这极大地提高了我们自身的能力。

设计人：张强（S201207005）、徐伟诚（09062325）、冯云贺（S201107151）、马骏（S201107027）

作品图片：

3.19　场馆内人群散场系统

所在学院：虚拟现实模拟实训室

作品名称：场馆内人群散场系统

指导教师：张勇

展品编号：2013 – ECAST – 023

作品摘要：

人群运动仿真在工业、娱乐等多个领域前景广阔,本系统面向北京工业大学奥运场馆的人群散场过程,分析人群运动特点,研究人群运动模型,以实现人群的真实感运动;针对大规模人群绘制所带来的几何复杂度,研究人群的实时混合绘制方法,保证人群仿真系统的运行效率。

作品原理及特点：

几何人群绘制方法会因为几何复杂度的增大而降低绘制效率,通过研究 Impostor 方法对人群进行几何绘制和图像绘制的混合绘制方法,既保证人群渲染的真实感又提高绘制效率;采用基于导航场的人群路径规划方法。在创新性上,作品首先获取三维场景的平面图及深度图,对其进行网格离散化;然后根据人群分布,将其划分为多个群组,并对每一个群组用 A∗算法进行路径规划。还对路径进行平滑化处理,创建平滑、准确的人群疏散路径;人群在运动时会出现碰撞现象,为避免其发生,构建密度场,通过密度场控制人群速度;并为每个人定义个人空间,应用 GPU 对每个人的个人空间进行实时检测,实现人群的碰撞检测。

同时,在人群运动规划方面,采用基于导航场的寻径方法及基于密度场的碰撞检测方法,较传统的方法提高了效率;在人群绘制方面,采用图像绘制方法与几何绘制方法结合的混合绘制方法,提高了人群绘制效率;在用户与系统的交互方面,增加实时交互功能,提高交互体验真实感。

设计人：赵欣欣(S201007134)、魏兴华(S201107141)

作品图片：

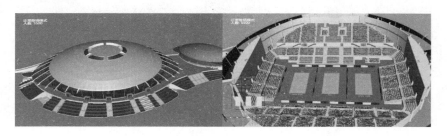

3.20　剧场观众席视线仿真系统

所在学院：虚拟现实模拟实训室

作品名称：剧场观众席视线仿真系统

指导教师：张勇

展品编号：2013 – ECAST – 024

作品摘要：

剧场观众席视线仿真系统是针对场馆观众席座椅排布的设计，依据《剧场设计规范》对观众席每个座椅的视线进行计算分析和模拟，在观众视线存在遮挡的情况下可以对座椅进行微调，以达到观众的最佳视觉效果。为剧场观众席的设计提供相应的决策分析平台。

作品原理及特点：

在进行剧场的设计时，观众席座椅的设计直接影响到观众观看表演的体验。目前，大多数的剧场设计都是由建筑设计人员根据经验，结合简单的计算来对观众席的视线情况进行分析。设计和计算的过程复杂，反复、重复工作量大，而且分析的结果不够直观、准确。

本系统结合计算机图形学相关理论和方法，基于预先制作好的剧场三维模型，建立观众席视线分析的评价模型，运用射线求交对观众席进行视线分析，判断是否存在遮挡并计算出遮挡率。将三维仿真运用到计算机辅助建筑设计（CAAD）中，提供更加真实、可靠、交互性更强的设计和评价依据。

设计人：魏兴华（S201107141）、郭铁柱（S201107149）

作品图片：

3.21 Android 平台未知恶意软件检测系统

所在学院：信息安全实训室

作品名称：Android 平台未知恶意软件检测系统

指导教师：赖英旭

展品编号：2013 – ECAST – 025

作品摘要：

本作品实现了一种基于集成式特征选择的 Android 未知恶意软件检测系统。该系统克服了传统特征选择在不均衡数据集上检测效果不佳的缺陷,结合移动终端 CPU、内存、电池资源有限等特点,能有效检测出 Android 平台上的恶意软件。

作品原理及特点：

本方法实验是在少量的恶意软件样本上进行的,在分类器训练过程中,正常软件样本、恶意软件样本的数量是不均衡的,常用的评价函数在类别分布不均衡的数据集中得到的性能不理想,恶意软件样本的检出率较低。借鉴集成学习方法的思想,采用了一种基于集成式特征选择检测 Android 平台未知恶意软件的方法,该方法通过调整训练集中样本分布从而减弱数据集中类别样本分布不均衡对分类器性能的影响,同时在保证分类精度的情况下,尽可能地降低特征集的维度。

作品背后的故事：

在项目的研究过程中,我们也遇到了各种各样的问题,通过自己调研、和同学老师沟通最终都得到了解决,这使我们了解到了很多原来不知道的科研方法,也让我们体会到了团队协作和沟通的重要性。研究过程中,不断有人提出关于 Android 平台的恶意软件检测方法,国内外对 Android 平台恶意代码分析的研究刚起步不久,现有的一些分析方法大多来自外文文献,而随着国内 Android 智能手机的普及和对其安全形势关注度的提高,国内对这方面的研究也开始有所涉及。我们相信,未来还会有更多的针对 Android 智能终端安全性的研究工作。

设 计 人： 潘秋月（S201107146）、徐壮壮（S201107133）、高春梅（S201107007）、邹起辰（S201107132）

作品图片：

3.22 镁合金笔记本电脑散热支架

所在学院:材料科学与工程学院
作品名称:镁合金笔记本电脑散热支架
指导教师:杜文博
展品编号:2013 – ECAST – 026
作品原理及特点:

镁合金具有优良的散热性能,利用其这一特性以及适合的散热方案,制造出一个具有实际使用价值的产品。特点:1.以实际需求为出发点;2.对实验废料进行再利用。

作品背后的故事:

本项目以资源的回收利用为目的,结合实验室与学生的日常生活需求,进行立项。在杜文博老师指导下的团队,团队成员构成科学合理,团队合作发挥了很重要的作用。各成员从中都体会到了承担一个项目的责任与艰辛,得到了锻炼与成长。

设计人:温凯(S201009025)、王旭东(S200609027)、张建芬(S200909014)
作品图片:

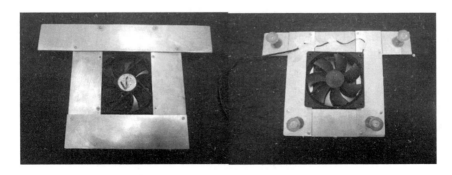

3.23　锂离子电池材料的研究

所在学院:材料科学与工程学院

作品名称:锂离子电池材料的研究

指导教师:汪浩

展品编号:2013 – ECAST –027

获奖情况:2009 年星火基金优秀项目

作品原理及特点:

本项目的创新点在于在加工电极过程中,使用一套适合实验室条件的涂布工艺和电极烘干技术,为高性能的电池制作提供了有力的保证。

作品背后的故事:

本项目希望通过先进的实验室制备技术合成出性能优异的锂离子电池正极材料。团队的组建充分发挥了每个人的长处,在制备过程中面临正极材料氧化的问题,在请教老师和博士师兄后,我们在无氧环境下完成了材料的制备。

设计人:邓思旭(S201209001)、陈猛猛(07090224)、王晓雅(S201109005)

作品图片:

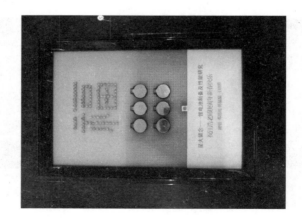

3.24　高性能无铅环保焊膏的研制及其实际应用

所在学院:材料科学与工程学院

作品名称:高性能无铅环保焊膏的研制及其实际应用

指导教师:雷永平、林健

展品编号:2013 - ECAST - 030

作品摘要:

本作品是将本学院自制的无铅焊膏,经本组组员的改进,使得焊膏在性能上更具应用价值,无铅焊膏的推广使用,更加环保安全,符合了当代科学技术可持续发展的需求。

获奖情况:2012 年北京工业大学"挑战杯"二等奖。

作品原理及特点:

本作品为了体现当代科技可持续发展的需求,贯彻"绿色环保"的发展理念,选择了自制无铅焊膏,即焊膏中不含有毒元素铅。本组在导师的专利焊膏基础上进行了无铅焊膏的性能改进,并克服了普通无铅焊膏印刷时容易发生堵孔的现象,存放时间也比普通无铅焊膏存放时间持久,达到了国外商用无铅焊膏的性能指标。

作品背后的故事:

我们的团队成员来自材料科学与工程学院,大家有着共同的目标并各有所长,在工作中配合默契。在制作过程中遇到很多困难,比如配制是原料比例,添加顺序的控制会影响焊膏印刷效果;实际焊接过程中炉温对焊接效果和元件的影响。通过整个制作和各个阶段的比赛,我们学到了很多专业领域的知识,锻炼了动手和创新能力,小组的凝聚力也不断提高,我们相信我们会取得更好的成绩,我们的焊膏也能有很好的应用前景。

设计人:王蓝(10090127)、李思琦(10090217)、马莹(10090124)、赵洪强(10090315)、安其尔(10090115)、王蓝(10090127)

作品图片：

3.25 超宽带双脊喇叭天线

所在学院：材料科学与工程实训室

作品名称：超宽带双脊喇叭天线

指导教师：王群、唐章宏

展品编号：2013 - ECAST -031

作品摘要：

根据喇叭天线设计方法，使用仿真软件 CST 建立模型，在恰当激励的情况下实现要求的超宽带特性，结合设计的频带带宽 2 ~ 20GHz 要求，设计并制作了天线驻波比和增益等性能优异的超宽带双脊喇叭天线。

作品原理及特点：

超宽带天线技术，是当今国内外的一个研究热点。根据仿真获得的天线性能反复修改设计的天线尺寸，使其性能达到设计要求，使得仿真的双脊喇叭天线满足驻波比，增益和回波损耗特性等指标满足此时天线特有的时域特性要求。设计和制备的双脊喇叭天线不仅具备尺寸小的特点，而且天线在 2 ~ 20GHz 频段天线驻波比在 1.8 左右，天线增益为 12dB 以上，天线的性能指标优异。

作品背后的故事：

本次科技创新依托电磁防护与检测实验室，在实验室导师王群教授和唐章宏指导老师的共同指导下完成的,过程艰辛,但收获甚多。虽然科技创新项目完成了,但是我也发现了自身所存在的不足,尤其是理论知识的匮乏,制约着我研究进一步的深入开展,同时也时刻提醒着我要不断学习,不断充电。在今后的研究中,我将更积极地开展研究,以期获得更大的进步。

设计人:吴禄军(S201009100)、孙忠巍(S201009101)、金鑫(S201109110)、吕志蕊(S201209028)

作品图片:

3.26　一种低功耗便携式的辐射强度计

所在学院:材料科学与工程实训室

作品名称:一种低功耗便携式的辐射强度计

指导教师:谢雪松

展品编号:2013 - ECAST - 032

作品摘要:

为测量电磁场辐射(如手机辐射)大小,设计一款低功耗的便携式辐射强度计,简称场强仪。基于MSP430超低功耗单片机的便携式智能场强仪,包含高精度、自动量程切换、友好UI设计等特点,在个人电磁防护领域具有很高的应用价值。

作品原理及特点:

设计的便携式场强仪,能够检测市面上不同波段的手机信号辐射强度的相对值,包含了辐射强度记录、对比和实时采集这三个基本功能,使用者能够方便地了解手机辐射的相关计量情况;相对于市面上已经存在的场强仪,它具有低功耗、便携、低成本这三大优势。以上三方面体现了本项目的意义,理论方面,涉及射频信号分析、电路抗干扰、自动量程切换、提高代码效率等,经过一年的研发,最终以产品的形式展出,并得到了比较好的测量结果。

作品背后的故事:

在谢雪松导师的耐心指导以及项目组一年多的努力,我们攻克了诸多技术障碍,项目在螺旋式推进,并最终能够展示出最终产品。在大家付出的同时,项目组的每一位同学,都能够在自己所学领域学到很多珍贵的项目实战经验,在实践中学习。实际的项目经验让我们得到了实际的锻炼,这是看书学习所不能够学到的宝贵知识,我们会在今后项目实践中继续加速成长。

设计人:贾旭光(S201102058)、关童童(S201102203)、张本云(S201102050)、赵利(S201102202)

作品图片:

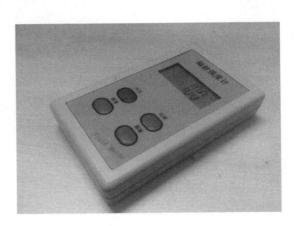

3.27 建筑结构设计——Twist

所在学院:建筑与城市规划学院

作品名称:建筑结构设计——Twist

指导教师:夏蓁、王树京、黄培正

展品编号:2013 – ECAST – 033

作品摘要:

面对人类社会的发展,城市越来越拥挤,摩天大楼渐渐兴起并进入我们的眼帘,而对于摩天大楼,其对建筑结构更高要求,小组成员商定从高楼层面切入,以建筑结构为中心进行设计。

作品原理及特点:

面对人类社会的发展,城市越来越拥挤,摩天大楼渐渐兴起并进入我们的眼帘,而对于摩天大楼,其对建筑结构更高要求,小组成员商定从高楼层面切入,以建筑结构为中心进行设计。模型以中心圆为承重中心,主机以交叉旋转的形式上升,作为中心承重构件,以方便灵感或组装为思路进行设计。

作品背后的故事:

建筑以8根主要的扁长形柱子螺旋上升代替常规的垂直水平面的框架柱。螺旋上升的柱子围成的圆呈上下宽中间窄的形状,在保持主体中心圆不变的情况下,在不同的层面可以设计不同大小,不同形状的楼板。

将垂直向下的力分解至水平利于垂直力,以达到受力平衡,而且由于8根柱子各自呈一定角度斜向与地面相接,与普通框架结构相比,可以抵抗更多的水平向的力。

设计人:绳一晗(10121122)、吴奕楠(10143120)

作品图片:

3.28　建筑结构设计——Lantern

所在学院: 建筑与城市规划学院

作品名称: 建筑结构设计——Lantern

指导教师: 王树京、夏葵、黄培正

展品编号: 2013 – ECAST – 034

作品摘要:

作品理念为"编织的建筑",在设计模型中,竖向承重的单体之间采用类似编灯笼一般的方式将力斜向传播,并分解成横向及竖向的力。整体的串联是从外侧向里侧转入,里外以相反方向的力进行固定,以此达到稳定承重的能力。

作品原理及特点:

1. 本结构装置的重点在于以富有逻辑及美观的结构承重5kg重物,并且结构三边尺寸之和不得小于2米;2. 选择合理的结构形式,分析受力与结构构件的关系是承重的关键,在解决承重问题的同时使结构体系简单明确,形体优美简洁;3. 形体美观并富有逻辑性,简单极致的节点可以使结构体系本身更富有整体性。

作品背后的故事:

在我们最初的设想中并未想到要做上部的约束,以为竹条之间的在顶部的拧劲足以起到横向的约束。但实际情况是结构在上部的横向受力十分不稳定,所以经过老师指导,我们在结构顶部处加一十字约束,使之横向受力相对稳定。

设计人: 王思成(10121213)、吴斌(10121215)、林天海(10040306)

作品图片:

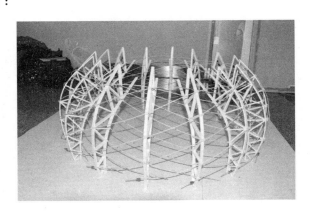

3.29　建筑结构设计——巴别塔

所在学院：建筑与城市规划学院

作品名称：建筑结构设计——巴别塔

指导教师：王树京、夏葵、黄培正

展品编号：2013 – ECAST – 035

作品摘要：

结构设计首先希望采用一种模数化的构件组成，于是就想到了 DNA 双螺旋结构，是由一个个单体相互连接以一定的形式逻辑生成的。于是我们决定探索螺旋线这种结构。

作品原理及特点：

我们决定探索螺旋线这种结构。螺旋线是由圆周运动与圆周相垂直的直线运动合成的运动的轨迹。单体模型是用 4 个 PVC 片相互穿插制作而成，并且上边有开口。每块是以 7cm * 9cm 为模数做出来的，相互齿接而成。将每个小块体的对应端点放在一个正 12 边形的端点上，依次旋转 30 度之后，再依次上升 4cm 生成的链状单体。

作品背后的故事：

我们初次尝试采用了将一根螺旋线，以中间层的一块旋转 8 次得到一个中间有大跨度空间的结构形式，等于就是一个堆砌，但是围成的每一层都比下一层小一点。

如果最上面的一个单体受力则会导致下面的两个体块受到很大的剪力，连接点的弯矩也会很大，所以很容易损坏。于是我们做了一个草模，并基于数模化和螺旋线进行了改进。

设计人：曹凡（10121203）、牛绍博（10121208）、陈哲炜（10121216）

作品图片：

3.30　激光三维内雕

所在学院：激光工程研究院

作品名称：激光三维内雕

指导教师：陈继民

展品编号：2013 – ECAST – 036

作品摘要：

采用激光雕刻技术在空白水晶内部达到点云爆破，改变水晶透光率，实现平面照片、立体实物在水晶内部的完美展现。

作品原理及特点：

激光三维内雕基于三维打印的背景，采用"分层制造，逐层叠加"原理，从构建模型开始，经过模型点云转化，最后到激光诸点爆破，实现图案在水晶内部的展现。

作品背后的故事：

作品主要目的基于人体头像在水晶内部的雕刻，最大困难在于相机参数与软件参数的标定，相机标定也是整个雕刻过程最基本最重要的一步。头像模型的处理在去除杂点的同时保证真实美观，需多加练习以及良好的耐心才能掌握技能。

设计人:赵进炎(S201213054)、周伟平(S201013008)、郭铁岩(S201213013)

作品图片:

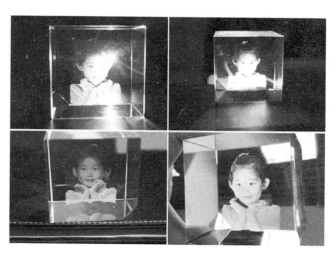

3.31 数字剪纸娱乐平台

所在学院:软件学院

作品名称:数字剪纸娱乐平台

指导教师:蔡建平

展品编号:2013 – ECAST – 038

作品摘要:

本项目利用计算机技术模拟了传统剪纸创作过程中的折叠、剪刻、展开等一系列操作,可以生成剪纸作品图片及剪纸教学动画。本项目可在 Windows、iOS 和 Android 等多个平台上运行,具有较高的通用性。

作品原理及特点:

本项目运用计算机技术、工具,模拟了剪纸制作过程中从折叠、剪、刻到展开的整个过程,使其得以数字化呈现。本项目的输出文件包括图片和演示动画。图片即用户使用软件设计的剪纸作品,演示动画可以再现剪纸操作的过程,以便记录和交流。项目使用 Flash Action Script 3.0 进行开发。Flash 可运行在 Windows、iOS、Android 等多个平台,支持多点触摸操作。

作品背后的故事：

我们深切感受到如果没有一个齐心协力的团队，很难开展工作。从一开始便千头万绪的课题研究过程中，我们真实感受到了团队的力量，在组长的精心安排下，我们各自负责自己的分工，但又互相配合，互相沟通与交流，在组内讨论时，组员的观点经常会被否定甚至是被推翻，一次讨论下来，工作还是原地踏步甚至倒退的现象时常发生，所以我们经常觉得很受挫折，也很茫然。但值得庆幸的是，我们这个团队并没有因此而放弃，我们正是靠在这样的研究氛围中不断地修正思路，最终得以进步。

设计人： 陈正阳（S201125004）、孙妮娜（S201125050）、邱聃（S201225017）、董昱敏（09167211）

作品图片：

3.32 靓点移动云点餐系统

所在学院： 软件学院

作品名称： 靓点移动云点餐系统

指导教师： 何泾沙

展品编号： 2013 – ECAST – 039

作品摘要：

2013 年 4 月第二届"湾云杯"全国云计算设计应用大赛一等奖。

作品原理及特点：

靓点移动云点餐系统提出一种新型数字化点餐解决方案,面向三类使用者,主要功能如下:1. 餐厅管理者登录信息管理云平台,对餐厅的基本信息和菜品进行实时管理,并可随时查看营业信息和统计数据,推出餐厅特价菜品;2. 就餐顾客在餐厅使用PAD等移动终端进行自助点餐、自助结账、浏览广告等服务信息、实时呼叫服务员得到服务等;3. 服务信息提供商登录信息管理云平台,发布诸如广告的各类服务信息,灵活选择信息发布的餐厅,经平台审核后,实时推送至餐厅的PAD等移动终端;4. 信息管理云平台利用数据挖掘技术,对餐厅营销数据进行分析与预测,提供给餐厅的管理者等。

作品背后的故事：

此系统集时尚、科技、便捷、美观为一体,以全新的营销模式为商家和顾客提供优质、高效、便捷的就餐服务,在给餐厅提供高水平的信息化服务手段的同时提升顾客的满意度,美化餐厅的形象,提升餐厅的档次。我们团队将不断完善作品,继续将产品推广和扩展,继续努力!

设 计 人：史 秀 鹏（S201125053）、刘 艳 伟（S201125015）、张 伊 璇（S201125006）、豆培培（S201125009）

作品图片：

3.33　基于 **WP7** 的三级医院门诊候诊等待解决方案

所在学院:软件学院
作品名称:基于 WP7 的三级医院门诊候诊等待解决方案
指导教师:朱青
展品编号:2013 – ECAST – 040
作品摘要:

以就医排队等待问题为出发点,设计了基于 WP7 平台的医院挂号及候诊排队问题的解决方案。本项目由 Windows Phone 7 Client、Windows Azure Platform 和医院服务网站三个部分组成,医疗服务网站是基于 Siverlight5 的 C/S 与 B/S 相结合的网站。

获奖情况:2013 年 4 月第二届"湾云杯"全国云计算设计应用大赛特等奖。

作品原理及特点:

"看病难"是目前中国社会突出的一个民生问题,随着中国社会经济的不断发展,百姓对健康的需求也不断增加,"看病要找好的专家"的观念深入患者和家属心中。因此,无论大病小病,百姓都要到三级医院来看,造成目前三级医院人满为患,医师应接不暇,出现挂号收费排长队,等候就诊时间长的现象,容易激发医患矛盾。由于医生对疾病诊治时间的不确定性,排队等待时间(特别是排队挂号、候诊、交款、等待检查)占就诊时间的很大部分。因此,我们团队设计了 QueuingQuick 系统,想通过技术的手段去解决三级医院门诊看病中候诊的等待的问题。

作品背后的故事:

团队的组建是由三名软件学院的学生跟一名计算机数据挖掘方向的学生,是我们一个跨院的合作。我们是针对这个系统所需的人才,进行的团队组建,每个人分工各有不同,各司其职,团结协作。

在我们的研发过程中,确实出现了一些无法预计的问题。比如,云的免费使用的问题,它需要一张美国当地的信用卡才可以;进度落后的问题,一起团结协作才是硬道理! 过程并非一帆风顺,但是我们享受结果,同时更加回味过程!

设计人:杨帆(S201125031)、王淼(S201125015)、罗丹(S201125016)、焦朗(S201107142)

作品图片:

3.34　基于 Android 的校园引导系统

所在学院:实验学院

作品名称:基于 Android 的校园引导系统

指导教师:郑鲲

展品编号:2013 – ECAST – 041

作品摘要:

作品实现了对于校园的教室信息的查询以及学校教师信息的查询。介绍学校的校内的各项设施,包含了校园周边的设施以及校园周边交通信息等内容,实现了引导新生报到的功能。

作品原理及特点:

针对北京工业大学实验学院的校园引导系统,是以 SQLite 数据库以及百度地图为基础,是基于 Android 系统移动终端操作系统平台的手机应用系统。

其中的功能需要有:第一,对于校园的交通信息做出简介,通过自驾与乘公交两种方法,告知使用者周边的交通信息。第二,对于新生的报到指引,包括报到、缴费、办卡、整理宿舍。第三,对于校内设施的介绍,做到本地不用联网简介。第四,对于校园周边设施信息进行简介。第五,对于毕业所需学分与课程需求进行简介。第六,对与方向反差的使用者们增加定位功能。第七,对于教室信息有查询功能。第八,对于教师信息有查询功能。第九,对于学生可以方便地查询课表与成绩,以及获取内网上的重要通知,有教务与校内网的推送功能。

设计人:曹珊(09570124)

作品图片:

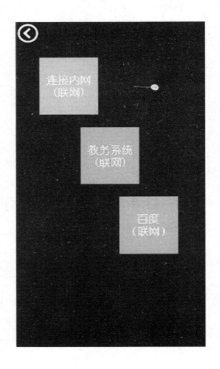

3. 35 基于 **Android** 的课程管理系统

所在学院:实验学院

作品名称:基于 Android 的课程管理系统

指导教师:郑鲲

展品编号:2013 – ECAST – 042

作品摘要:

本软件主要两大功能:其一,课程表功能,能够人性化地添加、展示课程信息,手机情景模式自动转换。其二,校园的局域网内即时通信,其中信息通信基于 UDP 协议,文件传输基于 TCP 协议。本软件的 UI 界面清晰明了,有着良好的用户体验。

作品原理及特点：

本软件主要针对的是校园的信息通信。校园内拥有能够覆盖整个学校的无线网络，因此，利用这一优势，本软件加入了局域网内即时通信这一功能，从而便于教职工、学生在校园内进行交流。并且将其与课程信息整合一起，一个软件多个功能，十分丰富，这是本软件的一大优势。在本软件的信息通信是基于 UDP 协议的，文件传输是基于 TCP 协议的，与简单清晰的 UI 界面相结合，有着良好的用户体验。

作品背后的故事：

这次的软件设计是对我学习成果的一次检验和提升，也是我首次独立的从学习知识开始，一步步走向开发的这样一个过程。大学四年的学习生活，我学到了很多知识，尤其学到了如何去独立自主地学习，这一点深深地体现在这款软件的设计中。从对 Java 语言的陌生到熟练运用、从对 android 组件的不了解到深入了解、从对软件的无从下手到成品逐步显现，这一个个过程都是大学四年带给我的成果。

但是本软件仍有一些不足之处，例如界面美化不足，会让人因为界面原因而感到重点不够突出，让其他辅助功能喧宾夺主。这是我认为最亟待解决的问题。

设计人：彭曼菲（09570103）

作品图片：

3.36　便携式考场监控系统

所在学院：实验学院

作品名称：便携式考场监控系统

指导教师：郑鲲

展品编号：2013 - ECAST - 043

作品摘要：

这是一套较为完整的考场视频监控系统，该系统具有考前学生信息注册，考时学生刷卡（实验学院饭卡）检录，考中对考场进行视频监控、录像、抓图。

作品原理及特点：

以北京工业大学实验学院为背景，经过大量的考察，最后确定了以学生刷卡检录配合考场监控的便携式考场监控系统。该监控方面的实现是基于厂家提供的摄像头 SDK 包上进行选择性开发，最后确定了连接模块，录制模块和图像显示模块，系统设置模块。因为实验学院学生使用的是 ID 卡，为了不产生更多的经济费用，于是选定了 ID 卡读卡器，学生在考前，刷卡检录，便可确认身份。

作品背后的故事：

这整个过程遇到了很多困难，但与导师郑鲲老师多次讨论研究，得到了很多灵感和小目标。连接摄像机，连接数据库，刷卡查询，获取图片相对路径都是遇到的重点问题。感谢导师郑鲲的耐心指导与讨论，给我了很多的启迪。很多时候都是讨论到很晚才回家，这些都给了我很大的帮助与支持。

设计人：邓光宇（09570135）

作品图片：

3.37 基于 Kinect for Windows 的一款体感游戏的开发

所在学院:实验学院

作品名称:基于 Kinect for Windows 的一款体感游戏的开发

指导教师:黄静

展品编号:2013 – ECAST – 044

作品摘要:

随着社会与科技的发展,游戏爱好者对游戏体验的要求也在不断地提高,他们不再仅仅满足于单纯地面对电脑用键盘和鼠标来操作游戏,而是希望自己真正的走进游戏当中,去体验逼真刺激的游戏内容。基于这一背景,开发出一款既锻炼身体又休闲娱乐的体感游戏"灭虫救世主"。

作品原理及特点:

本课题基于 Kinect for Windows 设备,主要运用其骨骼跟踪技术,使用 C#编程语言、Kinect for Windows SDK 开发工具包完成具体代码,开发出了一款小型的 Kinect 体感游戏"灭虫救世主"。本游戏开始前可通过腰部的扭动,完成游戏速度的调节,若单臂举过头顶则视为游戏的开始或结束,玩家通过手臂的运动,对虫子进行消灭操作。

作品背后的故事:

在游戏的制作过程中,遇到了一些困难,比如在体感游戏的骨骼跟踪部分,当游戏体验者做出一个可以识别为游戏操作的姿势后,游戏会判定这个操作执行数次。而本游戏的开始和结束正是需要只执行一次,否则判断会变得混乱而随机,以至于无法正确开始和结束游戏。最终,我将这一问题与黄静老师进行沟通后,老师耐心地和我一起探讨如何解决这一问题,并指导我如何修改。非常感谢黄静老师在百忙之中抽出时间的细心指导。

设计人:马然(09570226)

作品图片：

3.38 程控信号源

所在学院：实验学院

作品名称：程控信号源

指导教师：余小滢

展品编号：2013 – ECAST –045

作品摘要：

本设计运用了基于 NiosII 嵌入式处理器的 SOPC 技术。系统以 ALTERA 公司的 CycloneⅢ代 FPGA 为数字平台，将微处理器、总线、数字频率合成器和 I/O 接口等硬件设备集中在一片 FPGA 上，利用直接数字合成（DDS）技术、数字调制技术实现所要求波形的产生，用 FPGA 中的 ROM 储存 DDS 所需的正弦表，充分利用片上资源，提高了系统的精确度、稳定性和抗干扰性能。

获奖情况：2013 年北京工业大学"TI"杯电子设计大赛一等奖。

作品原理及特点：

信号发生器是指产生所需参数的电测试信号的仪器，可以产生幅度、频率可调的正弦波、三角波和方波等。其原理是可编程 DDS 系统、高性能模数变换器（DAC）和高速比较器三部分构成。本设计可以通过直接对软核的编程使系统的灵活性和改进空间更大。此外，本产品中的高速比较器做成了数字比较器并集成到了软件系统中，由此省去了一部分硬件电路。

作品背后的故事：

团队成员经历了许许多多的日日夜夜。白天我们不仅要学习,还要思考创作遇到的困难,并向上课老师提出问题,需求解答来反馈到作品中,课后我们积极思考,遇到问题向余老师请教,有时为了作品更加完整,更加人性化,我们会忙碌到深夜。这令我们的作品更上了一个台阶。在创作过程中我们遇到许多困难,克服了许多困难,才能获得一等奖。这个来之不易的一等奖,是余老师细心认真指导,是我们辛苦拼搏的结果。

设计人:郭明浩(10521110)、程子宸(10521116)、高占岭(11521217)、李思远(10521109)

作品图片:

3.39　智能小车

所在学院:实验学院

作品名称:智能小车

指导教师:余小滢、范青武

展品编号:2013 – ECAST – 046

作品摘要:

本设计以 STC12C5A60S2 单片机作为控制核心,采用 900mAH、7.4V 的锂聚合物电池为系统供电,采用 L298N 驱动器对直流电机进行驱动,通过内部程序对小车的两个直流电机进行 PWM 调速控制,需完成寻迹、显示路程、绕出围墙寻找光源等动作。

获奖情况:2013 年北京工业大学"TI 杯"大学生电子设计竞赛一等奖。

作品原理及特点:

本作品最大的特点在于自主。通过各类传感器和相应的算法,小车能够自主地进行相关动作演示。

作品背后的故事:

本作品的主要目的为,将信息工程专业的相关知识应用到自动控制中,另外为即将举行的全国大学生电子设计竞赛积累经验。

设计人:刘嘉骏(10521113)、徐亮(10521119)、何佳(10521108)

作品图片:

3.40　小型双足机器人

所在学院:实验学院

作品名称:小型双足机器人

指导教师:范青武、刘旭东

展品编号:2013 - ECAST - 047

作品摘要:

一款小型双足机器人,可作为计算机、电子信息等专业学生的综合实践案例。

获奖情况:2013 年北京工业大学"TI 杯"大学生电子设计竞赛一等奖。

作品原理及特点:

所设计的机器人具有以下功能:1. 向前行走、向后退步、向前翻跟斗、向后翻跟斗;2. 完成不同形态的舞蹈动作,其中动作速度可调;3. 变型后的小车可以向前行驶、向后倒车、向左拐弯、向右拐弯。

作品背后的故事:

本作品的制作目的在于,通过对小型双足机器人软硬件的研究,逐渐摸索出一套属于自己团队的机器人制作方法。

设计人:刘嘉骏(10521113)、徐亮(10521119)、何佳(10521108)

作品图片:

3.41 基于 51 单片机的蓝牙遥控履带车

所在学院:实验学院

作品名称:基于 51 单片机的蓝牙遥控履带车

指导教师:严峰

展品编号:2013 - ECAST - 048

作品摘要:

本作品实现了利用 Android 手机蓝牙控制远程遥控履带车的功能。手机软件负责与人交互,并且发送控制信号给车。履带车接受控制信号,根据控制信号做出相应动作。

作品原理及特点：

作品由两大部分组成:履带车部分和 android 软件部分。1. 智能车部分,该部分由价格最优的 51 单片机作核心,控制履带车的两个电机,控制车上安装的各类传感器(如车头的超声波传感器),以及主要的外围通信设备蓝牙模块;2. android 软件部分:该部分主要利用 android 手机蓝牙与智能车进行通讯,控制智能车的前后左右移动和运行模式选择。

作品背后的故事：

本作品的完成完全出于个人兴趣,虽然团队成员仅有两人,但在制作期间,我们充分融入到了科技的世界中,受益匪浅。感谢在这段时间严峰老师热情的支持与教导,同时本系 305 实验室的开放也为作品的设计提供了实验场地。在此对严峰老师表示真挚的感谢。

设计人:巴达(09521317)、张萌(09521224)

作品图片：

3.42　基于 2.4GHz 的无线音频传输

所在学院:实验学院

作品名称:基于 2.4GHz 的无线音频传输

指导教师:严峰

展品编号:2013 – ECAST – 049

作品摘要:

以 STM32 为核心版,基于 2.4GHz 无线技术的数字音频传输系统,支持麦克风输入、线路输入,模式可选。支持一发多收,多频道,自动增益;内置锂电池充电,防过充,防过放,低功耗。是替代教学多媒体音箱的新选择。

作品原理及特点:

课堂或宣讲会上传统的麦克风广播是司空见惯的,但是在课堂上经常发出刺耳的噪声或是断电等现象,有些设备使用时间较长,老化严重,严重影响了老师的授课质量和学生的听课效率。于是我们设计了一款基于 2.4GHZ 技术,使用 STM32 的音频传输系统。之所以称为系统,是因为它不仅是一个无线话筒,还可以智能地开闭音响电源,并且具备对讲能力,并可根据需要进行进一步扩展,而且不同于传统无线话筒,它使用了数字传输,并非模拟信号传输,在传输质量上可以优化到比模拟更好,而且抗干扰能力大大加强。

作品背后的故事:

团队 4 人,1 人负责方案的选择及驱动代码,2 人负责电路设计和实现,另 1 人负责功能代码的实现,分工明确配合也很好。项目参加了北京工业大学星火重点项目,已结题。作品创作目的就是解决教学无线麦克噪声过大,干扰多和使用干电池污染环境的问题。从结果上看已经完美达到了预期。

设计人:王晓萌(10521314)、李元申(10521314)、郭丽亚(09521306)、张海超(09521315)

作品图片：

3.43　概念数据测绘足球鞋

所在学院：艺术设计学院

作品名称：概念数据测绘足球鞋

指导教师：孙大力

展品编号：2013 – ECAST – 053

作品摘要：

随着足球运动的发展，战术不断丰富与复杂，人类体能与速度不断提高，所以对于足球鞋的要求也越来越高。反映球员能力值的数据能反映球员的成长，决定着教练的战术的安排，与球队的战绩有着直接的关系。

作品原理及特点：

鞋面与鞋底一体化，材料一致，浑然一体加工而成，省掉了中底。这样内部的感应层可轻易延伸到鞋底芯片，进行触球方面数据的测绘传输。数据包括击球的力量与速度等，类似击剑服感应原理。足球与鞋面内部感应层是两个电极，感应层内部有很多导线形成网。导线另一端接计数器，击中一次，产生一次电脉冲，电脉冲经过导线被送至测速器与测力器中，再形成电脉冲传到计数器中汇总出数据，包括击球的力量与速度等。

作品背后的故事：

目前制作一体化足球鞋的材料与加工工艺在短期内还不能实现，蜘蛛丝只是一个概念，或许提出了一个新的方向；由于时间等原因，模型制作得不太理想,还要感谢老师们对我设计的肯定与包容;数据测绘足球鞋在未来会有很大的发展前景。

设计人:邱辰(09160510)

作品图片:

3.44 中国书法美学与汽车造型设计
——起亚 2020 年概念汽车设计

所在学院:艺术设计学院

作品名称:中国书法美学与汽车造型设计——起亚 2020 年概念汽车设计

指导教师:孙大力

展品编号:2013 – ECAST – 054

作品摘要:

把中国书法美学与汽车造型设计结合起来打造一部大型豪华商务车型,其目标人群为事业奋进中的商业精英。为了满足这类特定人群的需求,我的设计不仅要具有传统意义上豪华车的品质感还应具有移动办公功能。

获奖情况:2013 第二届起亚汽车设计大赛优秀奖。

作品原理及特点:

我的设计灵感来源于中国的书法,在车身的结构线设计上融入了书法美学起承转合、笔断意不断等理念。车身选用的是书法作品的黑白配色,小面积以中国红装饰,整体大气而低调,符合大型豪华商务车的定位;车尾灯的设计融入了笔墨虚实、渐变等特点。而车身的不对称设计体现了中国书法对于左右对称结构汉字的处理方式,并突出了中国座次左为上的理念。

作品背后的故事：

此作品的创作历时 6 个月时间,其过程包括题目分析、调研、前期草图、手绘效果图、3D 建模、编程、手板模型制作等,整个设计符合真实的概念车设计流程。将中国书法美学与汽车造型设计结合起来,设计一台符合中国人审美的汽车,符合未来中国汽车设计的趋势。

设计人:唐欢(09160201)

作品图片:

3.45　《前女友》

所在学院:艺术设计学院

作品名称:《前女友》

指导教师:王胜利

展品编号:2013 - ECAST - 055

作品摘要:

此作品为石雕,利用墨玉石料的乌黑质地表现出前女友在我心里的印记慢慢淡退。嘴部的微笑永远带着些脾气以及她闭眼时平和的面庞是我脑海里对于她仅存的记忆,通过对作品肩部的凿刻以及整体的抛光来表达她在我脑海里的样子随着时间的消逝越来越模糊也终将消散。

作品原理及特点:

此作品为石雕,立意是体现前女友在我心中的印记以及我对她的一种回忆。选材定为墨玉,这类石料质地坚硬且粗糙,而我恰恰希望将坚硬粗糙的材料做出光滑圆润的效果;这反而比将本来光滑的材料做出光润的效果要有价值得多。这样从材料上构思不仅在材料工艺上是种很好的反差,又能通过这种石料的坚硬以及制作的难度来体现前女友曾在我心中的重要性。

作品背后的故事:

作品在制作中期会用到中小型切割锯来对其细部造型,而墨玉石料质地坚硬粗糙很难把握,所以我将原本 30% 的小型切锯的造型过程取消并将同等时长运用在了抛光上,低号位的抛光反而能更好地适应圆润的形体造型,下料快且平滑。其实制作手法以及工具大多如此,这就要对于你期待的作品本身进行缜密安排和对于问题的快速有效的反应,想清楚多少时长的安排和运用什么样的手法才是适合你要的效果的最佳组合。

设计人:张正一(10160809)

作品图片:

3.46　《古戏台》交互装置

所在学院:艺术设计学院

作品名称:《古戏台》交互装置

指导教师:吴伟和

展品编号:2013 – ECAST – 056

作品摘要：

《古戏台》交互装置是一个将幻影成像系统与交互技术结合在一起的交互装置,将影像、装置、音乐、灯光、交互熔于一炉,观众只需用鼓槌分别轻敲置于戏台前方的4个鼓就能触发对应的动画、音乐及灯光。

作品原理及特点：

古戏台建筑是传统戏曲的载体,体现着我国古代建筑艺术的绚丽和辉煌,但这一珍贵遗产现已遭到了严重的损毁。本作品将影像、音乐、灯光、交互熔于一炉,将现代新技术融于传统的戏曲舞台中,运用综合材料及多种艺术手段将传统文化进行现代化诠释,旨在使观众在感受到交互乐趣的同时,关注现在渐渐被人们淡忘的戏曲文化与建筑艺术。

作品背后的故事：

在设计与制作的过程中,我们学习到了很多。戏曲元素在《古戏台》交互装置中得到了充分应用,是传统戏曲元素与现代新媒体艺术结合的新尝试。《古戏台》交互装置在外观上,制作精良,真实还原了古戏台建筑特点。舞台戏曲人物形象设计生动、细腻,与实景相呼应,加上富有节奏性的戏曲音乐,情感表露真实。利用敲鼓的方式实现交互功能,使交互方式更为有趣,提高了交互装置的趣味性和参与性。这使我们受益匪浅。

设计人：陈思羽（09161118）、岳菁菁（09161301）

作品图片：

3.47 《嵐》

所在学院:艺术设计学院

作品名称:《嵐》

指导教师:李鉴

展品编号:2013 – ECAST – 057

作品摘要:

2013 年 7 月 E 级方程式大赛获奖作品。

作品原理及特点:

作品将重点设定在造型设计上,从一辆车的角度出发进行设计,本着使作品更像一辆完整的车的原则进行,而不仅仅停留在对于内部结构的研究。车身的曲面在与老师商讨后进行了反复的推敲和改进,并最终以这种形态呈现出来,仅这一点就足以使该作品在众多参赛车辆中脱颖而出。

作品背后的故事:

艰辛但是最终作品还是比较完美地呈现出来了,这让我们觉得之前所做的努力都是值得的。通过参加本届 E 级方程式大赛,我们明晰了产品设计的流程与细节,锻炼强化了我们的设计思维,是一次非常充实美妙的经历!

设计人:沈若思、刘润东、许乐芸、张博宇

作品图片:

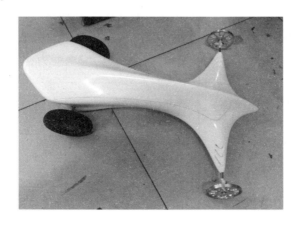

3.48　皮筋动力车

所在学院:艺术设计学院

作品名称:皮筋动力车

指导教师:李健、尹文海

展品编号:2013 – ECAST – 058

作品摘要:

作品研究意义在于通过竞技形式来全方位地提高在校生在战略、产品开发、科学与工程技术、设计、制造、品牌、沟通以及活动策划方面的综合素质。动力车由一根 16 英尺长的橡皮筋驱动作为唯一驱动力。

获奖情况:2013 年 7 月级方程式大赛最佳车辆设计奖。

作品原理及特点:

E 级方程式设计锦标赛是一项以创意设计为核心内容的皮筋动力车综合设计竞赛,FE 是英文"Formula E"的缩写。与世界著名 F1 一级方程式赛车世界锦标赛相似,其中 Formula 译为方程式,其含义是"规定",参赛车辆必须使用规定的橡皮筋作为唯一的驱动力,通过研究此项目,更好地了解动力学,对材料、结构的运用有更深层的理解。

作品背后的故事:

在车辆制作过程中,我们在装配及测试车辆的过程中遭遇了些许困难,但通过不断的实验,最终还是将难题逐个攻克。虽然在比赛过程中遭遇了不测天气,但还是圆满地完成了比赛内容并取得了较为理想的成绩。在这次活动中,锻炼了我们对于战略战术的统筹规划以及临场的应变能力,对我们来说是一次很好的锻炼。

设计人:李徽(10161010)、李鑫(10161717)、柳畅(10167219)

作品图片:

3.49　SW－M1200 32 位工业微控制器(MCU)

所在学院:电子科学与技术产学研基地

作品名称:SW－M1200 32 位工业微控制器(MCU)

指导教师:冯士维

展品编号:2013－ECAST－059

作品摘要:

SW－M1200 是一款基于 ARM Cortex－M0 的 32 位微控制器,是一款面向工业应用的通用型控制器,与传统 8051 单片机相比,保证了高性能、低功耗、代码密度大等优势,适用于工业控制及白色家电等诸多应用领域。

作品原理及特点:

SW－M1200 内嵌 ARM Cortex－M0 控制器,最高可运行至 55Mhz,内置 18 字节 SRAM,可灵活切换职能,作为 Flash 及 RAM 使用,支持 ISP(在系统编程)操作。外设串行总线包括工业标准的 UART 接口,SSI 通信接口(支持 SPI、MicroWire及 SSI 协议)。此外还包括看门狗定时器,4 组通用定时器(计数器),3 组(6 通道)PWM 控制模块,12 位逐次逼近型 ADC 模块以及 3 路模拟比较器(运算放大器)模块,同时提供欠压检测及低电压复位功能。

作品背后的故事:

产品的成功离不开团队的配合,每一组的成员需要配合、组与组之间也要配合,即时沟通,相互理解才能更好地完成任务。总之,没有北京(佛山)华芯微特科技有限公司就没有这款产品,没有团队的每个成员的努力也不会有这款产品,这是共同努力、共同奋斗的成果。

设计人:王新君(S201102198)、高原(S201102047)、刘淼(U09023305)

作品图片:

3.50　基于 SW－M1200 的数显交流毫伏表

所在学院:电子科学与技术产学研基地

作品名称:基于 SW－M1200 的数显交流毫伏表

指导教师:冯士维

展品编号:2013－ECAST－060

作品摘要:

该款数显交流毫伏表是北京(佛山)华芯微特有限公司自主研发的,以基于 ARM Cortex－M0 的嵌入式芯片 SW－M1200 为主控制芯片的产品。可用于测量工频(40~65Hz)范围的交流电压、电流信号。具有测量准、成本低、可靠性高、参数设定灵活、易于扩展等诸多优点。

作品原理及特点:

该款数显交流毫伏表就是以 SW－M1200 为主控制芯片而研发的可用于测量工频(40~65 赫兹)范围的交流电压、电流信号。该产品量程选择多样(200 毫伏、300 毫伏、500 毫伏、1000 毫伏等),显示形式自由设定,且两个通道的显示设定相互独立。具有测量准、成本低、可靠性高、参数设定灵活、易于扩展等诸多优点。

产品参数：

通道数：2

单通道位数：4

显示方式：高亮 8 段数码管

小数点位置：跳冒任意配置

输入信号：AC 正弦波

信号频率范围（Hz）：45～65

输入阻抗：1MΩ

量程（mV）：0～500

误差（mV）：＜±1.5 毫伏（@500 毫伏输入）

分辨率（mV）：0.1

整机功耗：≈30 毫安

校准方式：单点标准电压自动校准

作品背后的故事：

产品开发过程中需要团队协作，及时沟通。最终产品的问世就是踏过了一个一个的阻碍之后的结晶。而产品问世的那一刻，心里也会倍感骄傲。每次的成功离不开团队的配合，每一组的成员需要配合、组与组之间也要配合，及时沟通，相互理解才能更好地完成任务。总之，没有北京（佛山）华芯微特科技有限公司就没有这款产品，没有团队的每个成员的努力也不会有这款产品，这是共同努力、共同奋斗的成果。

设计人：王新君（S201102198）、高原（S201102047）、刘淼

作品图片：

3.51 Ti4O7 Ti－O magneli 粉体及块材

所在学院：化学工程产学研联合培养研究生基地

作品名称：Ti4O7 Ti－O magneli 粉体及块材

指导教师：李钒

展品编号：2013－ECAST－061

作品摘要：

亚氧化钛 Ti4O7 是一种室温电子导体，其具有优异的化学稳定性，可以用于制备惰性电极应用与污水处理和铅酸电池栅板及惰性阳极防腐保护。在长沙璞荣化工有限公司的帮助下，批量制备粉体和块材。

作品原理及特点：

亚氧化钛 Ti4O7 是一种室温电子导体，其具有优异的化学稳定性，可以用于制备惰性电极应用与污水处理和铅酸电池栅板及惰性阳极防腐保护。利用还原气氛从氧化钛还原制备是目前最简便、直接、经济的制备方法。

制备出的粉体经气氛烧结制备出块状材料可用于电极和电化学应用。

设计人：杨帆（S201005003）、宫宏宇（S201205008）

作品图片：

3.52 用于生物燃料透醇渗透汽化膜的快组装方法及全自动装置

所在学院:化学工程产学研联合培养研究生基地

作品名称:用于生物燃料透醇渗透汽化膜的快组装方法及全自动装置

指导教师:张国俊、纪树兰

展品编号:2013－ECAST－062

作品摘要:

近年来,优先透醇渗透汽化膜得到极大关注。我们制作一套自动喷涂成膜系统,通过对工艺条件进行调控,可极大降低成膜分离层厚度,同时大幅减少制膜时间。在保留分离效果的前提下,弥补其成膜厚、通量低、程序烦琐的不足。

获奖情况:2013年5月北京工业大学节能减排科技竞赛一等奖。

作品原理及特点:

针对传统浸渍法制备优先透醇分离膜的缺点,并结合空气喷涂技术,我们采用喷涂技术结合优先透醇膜在及时脱除低浓度乙醇的优势。利用喷涂技术使成膜厚度薄、溶液均匀、成膜稳定,极大提高渗透通量。同时,该装置可以改造、增减装置、耦合其他设备等,或根据不同制膜目的更换制膜材料、添加粒子等操作。因此具有重要的科学价值和广阔的工业应用前景。

作品背后的故事:

我们团队由一名博士生及两名硕士生组成。作品创作过程中,成员分工明确,及时相互交流协作。在作品创作过程中遇到的种种困难并没有轻易击败我们的斗志,而是推动我们积极寻求解决方法的动力。在作品创作初期,由于缺乏相关经验,有些原料及设备市场上并没有出售,也无相关自动控制程序,都需要自己设计及加工制作。经过几个月的努力,不断修改调试,终于将制膜装置组装完成。后期进行相关实验研究,找到了最佳的制膜工艺条件。感谢所有帮助过我们的老师和同学,他们的一些建议也给了我们很大启发。

设计人:王任(S201105038)、范红玮(B201205013)、闫浩(S201205059)

作品图片：

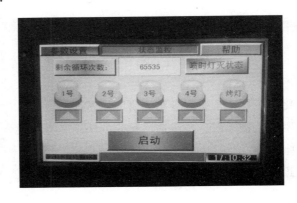

3.53　低温 SCR 催化剂

所在学院：化学工程产学研联合培养研究生基地

作品名称：低温 SCR 催化剂

指导教师：何洪、李坚

展品编号：2013 - ECAST - 063

作品摘要：

本作品为采用浸渍法制备的蜂窝状及波纹状 V_2O_5/TiO_2 系催化剂，由于其温度窗口非常广泛，在 180℃~400℃均能达到 90% 以上的脱硝效率，因此对于低温烟气的处理具有理论和应用价值。

　作品原理及特点：

本作品为以 V_2O_5 为活性成分的 SCR 催化剂，经过对物料捏合、陈腐、真空练泥等步骤后，最终成型为蜂窝状及波纹状 V_2O_5/TiO_2 系催化剂，并且在烟气温度为 180℃~300℃条件下保持 90% 以上的脱硝活性。同时整体式 SCR 催化剂的制备相当困难，其已经成为制约 SCR 脱硝技术工业应用发展的最大难题之一。并且目前关于 SCR 催化剂成型的文献或研究报道相对较少，国内具有自主知识产权的 SCR 催化剂成型技术更是空白，因此本催化剂对于实际低温烟气处理具有十分强大的应用价值。

　作品背后的故事：

在实验过程中，我们遇到许多始料未及的难题。比如催化剂测试过程中仪器出现故障,气体管路堵塞,流量计出现误差,催化剂制备、成型、焙烧出现故障。这些问题都需要我们逐一耐心解决。有时因实验需要,仪器120小时持续运行,需通宵值班,白天继续制备催化剂。

实验过程是枯燥的、艰辛的,但当我们看到辛苦之后换来的成果时,觉得再苦再累也值得,付出终有回报。希望经过我们不懈的努力,研究出具有自己知识产权的低温SCR催化剂,制备出世界一流的具有工程应用的SCR催化剂,为中国的环保事业贡献一份力量。

设计人:张鹿笛(S201105077)、房玉娇(S201105039)、宋丽云(B201105021)、梁全明(S201205076)、晁晶迪(S201205039)

作品图片:

3.54 基于LM3S811的电脑鼠走迷宫竞赛研究

所在学院:控制科学与工程学科产学研基地

作品名称:基于LM3S811的电脑鼠走迷宫竞赛研究

指导教师:陈双叶

展品编号:2013 – ECAST – 065

作品摘要:

设计一个由微控制器控制的集探测、分析、行走功能于一体的,能够自动搜索最佳路径穿越迷宫的电脑鼠。

获奖情况:2012年全国"电脑鼠走迷宫竞赛"北京赛区二等奖。

作品原理及特点:

本作品将重点研究电脑鼠硬件设计与改进、迷宫算法分析与优化。硬件方面主要包括：电源模块、红外传感器模块、电机驱动模块、机身模块。通过红外传感器探测迷宫墙壁的信息，微处理器采集墙壁的返回信息，并对信息进行处理，从而控制电机的动作。此硬件平台提供了感知、判断和行走能力。实现智能搜索路径，自动穿越迷宫的过程。

作品背后的故事：

在项目的整个设计过程中，我有了长足的进步，深刻体会到实践是检验真理的唯一标准，很多时候看问题是那么的肤浅，认为很多事情很简单，但真正动手去做的时候才发现有那么多的知识盲区，这时候才知道还有很多东西需要深入学习探讨。

在此要感谢我的指导老师陈老师，在工作过程中老师给了详细的指导，对于部分难题，老师给予了系统的分析，并给出了解决方案，在此我代表小组成员对老师的敬业与负责表示衷心的感谢。

设计人：杨汝军（S201102221）、牛经龙（S201102121）、温世波（S201202137）

作品图片：

3.55　智能购物车

所在学院：软件工程硕士产学研联合培养基地

作品名称：智能购物车

指导教师：严海蓉

展品编号：2013 – ECAST – 066

作品摘要：

智能购物车是一款为改善超市购物体验而设计的新型智能购物车。小车不仅实现了载人助步和自助结账的功能，更首创了自动跟随购物的全新购物新模式，打破了传统购物车需要依靠人力推行的不足。智能购物车是一种物联网思想下针对现实应用进行设计、改造的全新科技产物。

获奖情况：2011年10月第五届中国专利年会"校园发明与创新金奖"；2012年6月第40届日内瓦国际发明展"罗马尼亚政府特别奖"和"大会组委会银奖"；2013年6月首度大学生"挑战杯"科技竞赛一等奖。

作品原理及特点：

本作品设计并实现了一种基于多传感器、RFID电子标签与PWM控制的智能超市购物车系统，在Degilent公司的开发板Nexys2上完成了设计的全部功能。为了提高智能小车的实用性与安全性，系统集成了RFID电子射频标签，多传感器障碍物检测等技术，并利用FPGA作为系统的主控芯片，很好地实现了自主驾驶、自动跟随、自助结账、RFID电子钥匙、语音导购等五大主要功能。

作品背后的故事：

随着科技的进步，越来越多的科技发明创作从生活中涌现出来。智能购物车能很好地实现负重、跟随、自主驾驶等功能，不仅给我提供一种全新的购物体验，也为老人、残障人士带来了方便。

设计人：谢跃（S201325049）、魏玉飞（S201325053）、池清萍（S201325034）、薛涛（S201325050）

作品图片：

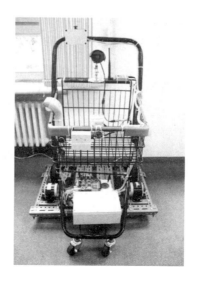

3.56 便携式齿轮传动噪声测试仪

所在学院:仪器科学与技术产学研联合培养研究生基地

作品名称:便携式齿轮传动噪声测试仪

指导教师:陈洪芳

展品编号:2013 - ECAST - 067

作品摘要:

仪器主要用于对齿轮传动噪声进行测量,功能包括:声压的实时显示、噪声信号显示、FFT变化、信号数据保存等功能,方便使用者进行现场测量和分析,以确定齿轮传动性能。

作品原理及特点:

针对目前齿轮传动噪声现场检测时,对工人经验依赖高的难点,开发了一套便携式的齿轮传动噪声测试系统,用于齿轮传动噪声的现场测量。

仪器具有便携、操作简单等优点,便于对齿轮传动噪声进行现场测量与分析,避免了传统的齿轮传动噪声测量仪器存在不方便携带、不具有数据保存功能或不具备做信号分析功能等缺点。

作品背后的故事:

项目组成员周满平、杨森元、郭冕等具有一定的硬件和软件设计能力,在副教授陈洪芳的细心指导下,对齿轮传动噪声的分析方法进行了研究,并设计了三代噪声测量仪,每一代的功能都更加完善、仪器更加便携,大量实验也验证了仪器的有效性。

通过不断改进硬件电路设计以及软硬件程序等,最终克服了这些困难,完成了本作品。创作过程除了使我们对齿轮传动噪声分析方法、软硬件设计方法等有了更深一步的了解外,也使我们具备了更好的团队协作能力。

设计人:杨森元(S200901130)、周满平(S200801136)、郭冕(S201001158)

作品图片：

3.57 图像处理技术在行人交通领域中的应用

所在学院:交通运输工程产学研联合培养研究生基地

作品名称:图像处理技术在行人交通领域中的应用

指导教师:陈艳艳

展品编号:2013 – ECAST – 068

作品摘要:

行人交通数据的检测和统计往往涉及海量数据的处理,为提高交通管理者的工作效率,近年来,图像处理技术逐渐被应用于行人交通领域。本作品采用动态图像处理技术,实现了地铁换乘通道内行人流量、密度的检测和统计;采用静态图像处理技术,实现了一次性车票的数量统计。

作品原理及特点:

通过长时间的探索和努力,小组成员目前已完成行人交通流量统计、行人密度估计和一次性 IC 卡计数三部分的内容。其中,行人交通流量统计技术摒弃了传统的背景建模加团块分割的传统技术,而在人脸识别技术的基础上,结合创新性应用的双线性插值算法和断帧合并算法,实现了行人的跟踪统计;行人密度估计技术则将像素分析与纹理分析的方法有机结合,实现了不同密度情况下的密度准确估计;一次性 IC 卡计数是针对目前一次性 IC 卡计数器计数精度差、检测速度慢等缺陷而提出的一项新技术,该技术主要基于轮廓识别算法,结合数理统计方面的基本知识,实现了一次性 IC 卡的精准计数。

作品背后的故事:

在行人密度估计技术的研究中我们发现,以往的技术往往采用像素估计和纹理估计方法中的其中一种,因此,其对高低密度的转换适应性并不好,成员们创新性地提出了将两种方法相结合的办法,得到了意想不到的好效果。

在 IC 卡计数技术的实现中,最初,在对 50 张卡片计数的过程中,精准度极高,但若扩展到 200 张,则精度极差,分析发现,是由于对焦圈外较模糊的原因造成的,为了符合卡片计数的要求,我们改进了算法,在轮廓识别技术的基础上,增加了梳理统计的相关方法,成功实现了进行卡片精准计数的要求。

设计人:陈宁(B201104003)、吴克寒(S201104169)、刘小花(S201104171)

作品图片:

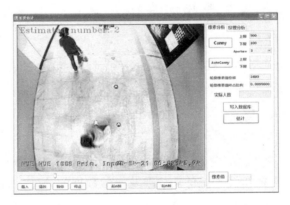

第四章

2014 年北京工业大学科技节科技成果

结合学校"知行结合、重在创新"的办学理念和"建设国际知名、有特色高水平的研究型大学"目标,我校将继续营造浓厚的校园科技创新氛围,尽全力创造条件、搭建平台,鼓励并资助同学们开展各种科技创新活动,以激励同学们去大胆设想、勇于实践! 本届科技成果展汇集了从 18 个院所、8 个工程实训室、7 家校外产学研合作基地精选的百余件作品。核心展区——"卓越之蓝"的手绘墙成为师生关注的新亮点,湖蓝色稳重大气,天蓝色清新明朗,加上具有形式美感的线条和科技感的环形图案,带来强烈的视觉冲击感。"卓越之蓝"核心展区优秀作品的精彩演示深深吸引了参观者的目光。

4.1 渐开线教学演示仪

所在学院:机械工程与应用电子技术学院

作品名称:渐开线教学演示仪

指导教师:赵京、张乃龙

展品编号:2014 – ECAST – 001

作品摘要:

作品以丰富机械原理课程教学为出发点,以帮助学生形象化的学习渐开线相关知识为设计目标,设计与制作了一种渐开线教学演示仪。作品不但能清晰地展示渐开线的形成过程,而且能直观地展示出渐开线的特性。提高了机械原理课堂的趣味性,同时填补了没有渐开线演示教具的空白。

作品原理及特点:

为解决同学们对渐开线形成过程以及特性模糊不清的问题,设计实物将相关知识进行直观的展示。本作品巧妙利用三爪卡盘变化卡距的原理,实现渐开线基圆半径大小的无极变化;利用弹簧钢带的自伸展性画出渐开线。

创新点:1. 实现无极变化基圆半径;2. 直观展示渐开线的行程及特性;3. 比较了不同半径基圆渐开线。

设计人:陈映(12010329)、龚世秋(11010128)、闫俊(12010332)、孟忆南(12010314)

作品图片:

4.2　高仿德国通用战车计划 E – 100 底盘系列战车

所在学院:机械工程与应用电子技术学院

作品名称:高仿德国通用战车计划 E – 100 底盘系列战车

指导教师:王建华、刘志峰

展品编号:2014 – ECAST – 002

作品摘要:

现有坦克模型仅限于静态观赏,甚至不能实现履带的运动。基于以上原因,我们设计了本系列坦克模型,我们决定基于 3D 打印技术,对其中人气最高的德国通用坦克计划 E – 100 底盘系列坦克进行模型设计。本款坦克的设计宗旨为:坦克高度还原,部件可替换,坦克主要部件如履带车轮火炮可动而且成本较低。

作品原理及特点:

军事模型作为模型系列中的重要组成部分。现有坦克模型仅限于静态观赏,甚至不能实现履带的运动。基于以上原因,我们设计了本系列坦克模型,我们决定基于3D打印技术,对其中的德国通用坦克计划E-100底盘系列坦克进行模型设计。本款坦克的设计宗旨为:坦克高度还原,部件可替换,坦克主要部件如履带车轮火炮可动而且成本较低。

利用3D打印特点对整体构成的运动副和复杂面进行还原。根据E-100坦克系列四种配置,设计的模型可实现同一底盘安装四种不同的坦克部件,从而构成四种不同功能及型号的坦克,在更换作战设备的同时,操作者还可以清晰地观察到坦克的内部人员位置和设备布局,观察独立履带的传动、负载及减震原理,以此满足广大军模爱好者的需求。

设计人:王申时(11010108)、林子昂(11010106)、李翔(11010109)
作品图片:

4.3　3D 六爪攀壁蜘蛛

所在学院:机械工程与应用电子技术学院
作品名称:3D六爪攀壁蜘蛛
指导教师:王建华、刘志峰
展品编号:2014-ECAST-003
作品摘要:

3D六爪攀壁蜘蛛,利用两台电机来进行运动控制。电机1控制3D攀壁蜘蛛的六爪运动。电动机2驱动3D攀壁蜘蛛底盘的风叶转动,使蜘蛛可吸附在墙壁上爬动。

作品原理及特点:

1. 将蜘蛛六条腿运动进行分组控制,每组三条呈对称分布,利用机构控制运动,实现整体有规律的运动;2. 利用凸轮机构,使得同一电机同时带动两个连杆进行反向运动;3. 利用风扇,产生压力差,使得蜘蛛可在墙壁上运动;4. 利用

3D打印技术实现传统加工方法难以加工的曲面造型设计。

作品背后的故事：

本作品是应全国大学生机械产品数字化设计大赛制作的,在制作过程中对于机构设计有很多的困难,最终查了大量的资料并在老师的帮助下完成了设计工作。

设计人：吴桐(11010321)、任晗(11010220)、王凯(11010431)

作品图片：

4.4　冰霜巨龙(结合 3D 打印)

所在学院：机械工程与应用电子技术学院

作品名称：冰霜巨龙(结合 3D 打印)

指导教师：王建华、刘志峰

展品编号：2014ECAST – 004

作品摘要：

这是热门游戏《魔兽》系列中的一个重要单位,这次我们的作品就是将这个生物和 3D 打印技术相结合制作出高可动性、高仿真的冰霜巨龙。

作品原理及特点：

整个冰霜巨龙身上的 107 块零件都是由复杂曲面构成的,传统的制造工艺没有办法在短时间内完成加工工作。但是,利用 3D 打印技术就可以轻松地完成大量复杂曲面零件的短时间加工,再现整个冰霜巨龙的每一块骨骼的活动,保证它能够像真正的龙一样做出各种动作。冰霜巨龙模型经过从图纸到油模、再到模型的反复调整,确保最后整个模型能够再现游戏中的冰霜巨龙。为冰霜巨龙设计了几套替换件,能够让玩家进行独立创作加工,打造出属于自己的冰霜巨龙。通过专门为冰霜巨龙设计的一套建模方法来实现对于模型的快速修改和反复修改,确保在产品出现缺陷的时候能够快速修改而不是重新设计。从设计阶段就考虑到了产品的销售阶段,为产品量身定做了一套背景以保证产品的热销。

作品背后的故事:

我们的团队有两个由王建华老师带出来的 INVENTOR 建模专家吴明通和张月泽,还有一个模型达人谢启航组成。由于当时的主题是 3D 打印,所以我们就确定了以曲面建模为核心的复杂可动玩具建模,理所当然的曲面建模就成了我们的主要困难。首先我们的模型大神谢启航使用油墨进行基础的模型设计,经过精雕细刻我们就可以通过油墨来进行 INVENTOR 的 3D 建模了。在建模的过程中最重要的就是怎么建立没有什么多余线条又能够达到油墨的效果。经过多种复杂建模方式的测试,发现 INVENTOR 的曲面建模没有 3Dmax 的好用。后期遇到的问题就是如何让视频的效果更好,在这部分张月泽同学功不可没,他不断地调试视频。整个作品制作下来我感觉到了一种团队里面每一个人都各展所长,没有一个人是在打酱油,整个团队的气氛非常好,唯一的遗憾就是没能拿到理想的奖项,不过这次经历是令人十分难忘的。

设计人:吴明通(12010401)、张月泽(12010119)、谢启航(12010109)

作品图片:

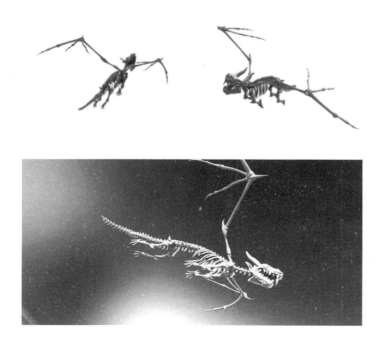

4.5　单槽槽轮

所在学院:机械工程与应用电子技术学院

作品名称:单槽槽轮

指导教师:余跃庆

展品编号:2014 – ECAST – 005

作品摘要:

通过机构创新,我们发明出槽数为一的槽轮机构,动停比亦打破传统槽轮限制,使槽轮有更广阔的应用。

作品原理及特点:

本作品设计并制作出一种新型的单槽槽轮机构演示教具。这种单槽槽轮结构的运动方式与传统的槽轮机构有很大区别:传统的单销槽轮机构槽数至少为3,运动系数符合公式:$k = t_d/t = 1/2 - 1/z$,由于 $k > 0$,故槽数 $z \geqslant 3$;又因 $k < 0.5$,故单销槽轮机构的槽轮的运动时间总是小于其静止时间。本设计巧妙运用了双摇杆机构,曲柄滑块机构和槽轮中主动销轮和从动槽轮的结合,通过槽轮锁止弧的相互作用实现了单槽槽轮间歇运动功能。通过机构的创新实现了机械原理课本中推断不存在的单槽槽轮机构。本教具在机械原理课讲授完槽轮和复合机构以后进行展示,以加深学生对复合机构及槽轮间歇运动的理解,有利于开阔学生思路,并鼓励学生创新,完全符合本次大赛的要求。此外,本作品制作美观,成本低廉,且目前市场中还没有类似教具,因此,本作品具有较好的市场前景。

作品背后的故事:

为了实现单槽槽轮,我们在原有槽轮基础上引入了连杆,基本实现了单槽槽轮的间歇运动。但是引入连杆自然带来了死点问题,为了解决死点,我们设计出版本2.0系列和3.0系列,刚开始2.0只是靠摩擦解决问题,后来3.0终于可以稳定地解决死点。

现阶段在间歇运动从动轮运动过程中自由度为2,在单输入情况下,运动在理论上并不确定,现在只是靠槽型和惯性基本实现运动,研究还需继续。

运气不好,加工碰上金工楼装修期,机器无法使用,只能自己跑外头找加工。加工精度影响结果,只能自己在宿舍通过钳工修改,这学期课程也耽误不少,最后我们还是扛过来了。感谢余老师对我们的指导,帮助和鼓励。

设计人:江雨浓(11010101)、霍达(11010102)、张庆东(11010125)

作品图片:

4.6 养之道中医养生"治未病"

所在学院:电子信息与控制工程学院

作品名称:养之道中医养生"治未病"

指导教师:胡广芹、张新峰、刘佳、李建平

展品编号:2014 – ECAST – 006

作品摘要:

本作品依据中医"治未病"及药食同源理论,将药食同源食物经合理配比加工成冲泡即食的养生药膳,并利用信息技术开发制作养生系统,为人们提供可食可用的产品及服务。

作品原理及特点:

原理:食物含有人体所需的各种营养物质,利用食物性味方面的偏颇特性,能够有针对性地用于某些病症的治疗和辅助治疗,调整阴阳,使之趋于平衡,有助于疾病的治疗和身心的康复。中医将人体质分为平和、阳虚、阴虚、血瘀、气虚、气郁、痰湿、湿热、特禀等九种体质,养生系统对受检者的体质进行评测,给出其体质结果及相应的保健、养生建议。寓治于食,无副作用,让人们在享受美食中达到防病治病的目的。

创新点:弃中药苦口难咽之弊,扬药膳调理保健之利,结网络科技方便之

效,保身体平衡康健之益。

作品背后的故事：

　　跟随胡广芹老师在门诊学习的过程中,我们深刻体会到"健康是人类最大的财富"这句话的真谛。同时,我们学习中医"治未病"的思想,结合信息技术,设计更加人性化的中医健康管理系统,使人们更方便快速地了解自己的体质,做到提前预防,提前保健。此外,我们上了胡广芹老师的选修课,系统地学习了中医养生知识,并且在课堂上结识了来自计算机、广告设计、食品安全等专业的同学,使我们的团队逐步完善。在得到胡广芹博士和后勤集团及饮食服务中心的支持后,我们成功开设了健康养生窗口,为在校师生提供日常食疗养生保健服务。这不仅是对养生课的一次实践,也开创了我们人生第一个创业的舞台。

　　"我的青春,我的中国梦",能为推广养生文化、促进身体健康、提高生活质量尽一份微薄之力,是我们青春价值的体现,我们会更加用心用诚意去做!

　　设计人：张艺凡（S201202099）、张俊文（S201302022）、梁玉梅（S201302181）、郑楠（S201302190）、贵明俊（S201302096）、曹龙涛、周申晨（11020111）、刘纪元、王家璇、李爽

　　作品图片：

4.7　基于地面计算机控制的无人机视觉跟踪

所在学院：电子信息与控制工程学院

作品名称：基于地面计算机控制的无人机视觉跟踪

指导教师：刘芳

展品编号：2014 – ECAST – 013

作品摘要：

首先，本作品通过 WiFi 技术实现了地面计算机和无人机之间的无线通信，地面计算机能够接收无人机拍摄的视频数据，并进行相应的操作；然后，利用目标跟踪算法实现了对红色目标的跟踪，从而实现无人机的自主跟踪飞行。

作品原理及特点：

无人机是无人驾驶飞机（Unmanned Aerial Vehicle，UAV）的简称。在 UAV 很多应用中都会包含目标跟踪任务，比如空空作战中对高机动空中目标的跟踪、对地打击任务中对地面移动目标的跟踪、城市反恐作战中对犯罪车辆的跟踪，以及海上搜救中对随波漂流人员的跟踪等。在复杂环境中，控制无人机跟踪移动目标是一个具有挑战性的问题。无人机视觉跟踪飞行可以满足无人机进行自主监控、跟踪侦察、国土探测、灾情监测等实际应用需求。

本作品的研究内容主要包括：首先，地面计算机通过 WiFi 技术接收无人机拍摄的视频；其次，对视频进行预处理，主要是进行去噪处理，并利用基于改进自适应遗传算法的目标跟踪算法实现对红色目标的跟踪；再次，根据跟踪的结果，判断目标和无人机在图像中的位置偏差；最后，修改无人机的通信指令和飞行轨迹，从而实现无人机的自主跟踪飞行。

本作品的创新点主要有以下两点：1. 采用一种自适应小波阈值和图像增强技术相结合的去噪算法，对接收到的视频图像进行去噪处理；2. 利用基于改进自适应遗传算法的目标跟踪算法实现了对红色胶带的跟踪。

作品背后的故事：

在本作品的完成过程中，遇到了一些问题，比如：目标跟踪算法的设计。一开始，我们设计的目标跟踪算法，不能很好地跟踪标记的红色目标，会发生跟踪失败的现象。之后，在刘芳老师的指导，以及我们团队的努力之下，终于设计出一种基于改进自适应遗传算法的目标跟踪算法，实现了对红色胶带的跟踪。

通过完成这个作品，锻炼了我们的系统设计、软件编程实践和团队合作等能力。此外，我们团队还掌握了无线通信的协议、视频采集和处理的方法、目标跟踪的算法实现以及无人机控制方法的设计等。

设计人：邓志仁（S201202014）、付凤之（S201302186）、马玉磊（S201302027）

作品图片：

4.8 无人机机载带飞系统

所在学院:电子信息与控制工程学院

作品名称:无人机机载带飞系统

指导教师:吴强

展品编号:2014 - ECAST - 012

作品摘要:

本作品在无人机上搭载可见光和红外摄像头,可通过图传将空中拍摄的图像实时传输到地面,并且搭载 ADI 的稳像存储板和惯性导航板,可实时地处理抖动图像,还可将图像存储到系统板中以便后期处理,同时通过惯性导航板实时采集摄像头的位置、姿态等信息。

作品原理及特点:

无人机的研究在最近几年有了很大的进展,应用领域也越来越广。在军用方面,由于无人机具有预警时间短、隐蔽性好、侦察能力强、巡航时间长、成本低、作战损失小等特点,可以广泛用于侦察、攻击、电子对抗等军事任务,也可用于靶机实验;在民用方面,可用于通信中继、气象探测、灾害监测、农药喷洒、地质勘测、地图测绘等诸多领域。

本作品在无人机上搭载可见光和红外摄像头,可通过图传将空中拍摄的图像实时传输到地面,并且搭载 ADI 的稳像存储板和惯性导航板,可实时地处理抖动图像,还可将图像存储到系统板中以便后期处理,同时通过惯性导航板实时采集摄像头的位置、姿态等信息。

本作品可采集 14 位原始红外数字图像,并存储到系统板,同时也可搭载可见光摄像头,完成电子稳像的处理,是无人机视觉导航的前期基础。

本作品的特点主要有以下两点:1. 设计了一种适合 DSP 实时处理的电子稳像算法,完成在实时采集输出过程中的电子稳像系统;2. 将惯性导航及 GPS 信息和图像结合,实时存储至 SD 卡中,并可以通过无线将图像实时下传。

作品背后的故事:

本作品在完成过程中,团队以及老师付出了很多的心血,在硬件设计上,我们需要考虑轻量化、小型化,需要满足无人机的载荷要求。在硬件调试过程中,我们使用 DSP + FPGA 组合的模式,这样非常锻炼我们团队合作的意识,同时通过这种组合使我们的系统达到更高的要求。在图像采集、存储以及电子稳像算法的编写过程中,我们也遇到了很多的问题,如稳像效果不佳、存储丢帧、视频流卡顿等,但在吴强老师的指导下和同学们的不懈努力下,克服了种种问题,完成了无人机电子稳像与图像存储这套系统。

通过完成本作品,凝聚了团队间的合作,也磨炼了同学们的意志品质,更是提升了大家的能力水平,在困境中不断成长,通过解决一个一个难题而达到我们最后的结果。还有很多继续学习和研究的东西,我们会齐心协力,完成更好的作品。

设计人:刘天奇(S201202205)、张重阳(S201302045)、徐亮(10521119)
作品图片:

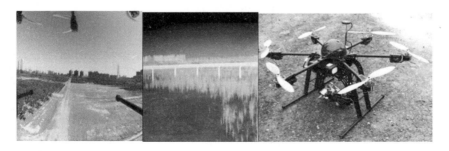

4.9　渤海之翼

所在学院:建筑工程学院

作品名称:渤海之翼

指导教师:吴金志、李雄彦

展品编号:2014 – ECAST – 016

作品摘要:

本项目位于山东省东营市,属于展览建筑。我们着手于东营新兴城市的现状,经过调研发现,新兴城市之中的建筑形式极为陈旧,功能较为基础,缺少集中文化资源和市民活动场所,所以在建筑造型以及空间营造上,力图通过展览馆的设计给居民创造良好的城市空间。同时,我们不希望这座大型的集会场所与当地文化格格不入,所以我们着眼于对黄河入海口的文脉传承。

作品原理及特点:

创意来源于“黄河之水滚滚向东流去”,屋顶意象由波浪引来,从远处可以有一个很好的城市标志物的形象。建筑由三个体量组成,两个独立的无柱大跨度展厅加上登陆大厅,分别用廊桥连接。两个展厅展陈面积 15000 平方米,可以分别布展也可以共同承接大型展览。中间的登陆大厅为 2000 平方米无柱空间,一层为注册区,二层为餐饮区。西厅可布展位 228 个,展厅四面分别为会议区、注册区、休闲区和办公区,便于展览人员使用,西侧入口直达会议区,让会议区可以单独对外开放。东厅可布展位 168 个,北侧为办公空间,另外三侧均采用玻璃幕墙,营造通透轻盈的感觉,与屋顶配合,寓意着腾飞与希望,给东营这个新兴的城市带来一种积极向上的城市氛围。

作品背后的故事:

在我们的队伍里有四个来自建工学院的同学(三个结构方向和一个岩土方向)和两个建规学院的同学(均为建筑学),因为比赛,我们开始熟悉,并且建立起了我们的友谊。我们希望可以使建筑和结构能够很好地结合,发散我们的思维,设计出令人耳目一新的作品。在比赛的准备过程遇到不少困难,但我们通过自己的努力和老师的帮助一步一步走到现在,我们是一个队伍,我们为集体而战!

设计人:朱凯铭(11056121)、李会芳(11040526)、彭宇胗(11056120)、曲悠扬(11121105)、马正亮(11040430)、王天航(11121107)

作品图片:

4.10　行云

所在学院:建筑工程学院

作品名称:行云

指导教师:亓路宽

展品编号:2014 – ECAST –017

作品摘要:

行云为钢结构拱桥,上层行车,下层为拱形道行人,且设置功能区供行人休息,其结构上的特点为双拱结合。设计上进行环保性能设计,除铺设绿植以外使用大量环保材料。

作品原理及特点:

本桥所处位置为开发中的通州新城,通州新城是集文化商务休闲、会展综合服务、高端商住为一体的北京新商务中心区。作为连接各个区域的跨北运河桥梁,本桥担负着交通及景观的双重需求。因此我们将行云桥设计为钢结构拱桥,单拱造型简洁美观,上层通车,下层拱形道行人,且在下层铺设草坪等绿化设施,并设置小型商户区域,为行人提供一个观赏滨河亮丽风景及休息的舒适场所。同时,将环保理念加入到设计中来。除采取绿化措施外,对于桥本身以及铺装材料的选用倾向于使用环保材料。行云二字取自"行云流水",且有"行者云集"之意。一层行车,车辆如桥下的潺潺流水一般往来,畅通无阻;二层行人,并设置休息区,为行人提供较大空间的观赏区,颇有"行至水穷,坐看云起"

的闲适意境。

作品背后的故事：

根据赛题要求，考虑到该运河上已存在斜拉式及钢箱梁式桥型，故选用结构稳定的拱形桥，根据景观需要设计为双层桥。团队名称为 SIX，由三位土木工程系的学生和三位建筑学系的学生组成。在组队初期，出现了沟通不到位的情况，但随着相处时间的累积，大家渐渐熟识，交流加深，对作品的形成有很大帮助。自学建模软件 MIDAS 对我们来说也是个重大难题，在此期间，有不少学长学姐帮忙，也因此请到了亓老师作为我们的指导教师，很顺利地解决了建模问题。制作模型也是个复杂而艰难的过程。正因为这种种难题，我们才会在见到模型以及打印出来的设计书时那样的满足和自豪。对我们来说，一起奋斗的岁月是最难忘的，在此期间收获的友谊是最珍贵的。

设计人：隗娜（11040517）、王明（11090222）、贾振雷（11115223）、闫晶晶（11121209）、俞晓娜（11121223）、林钰琼（11080221）

作品图片：

4.11　馈能式动感单车

所在学院：环境与能源工程学院

作品名称：馈能式动感单车

指导教师：冯能莲

展品编号：2014 – ECAST – 018

作品摘要：

馈能式动感单车通过两级带传动，利用人们健身时产生的机械能，驱动电机进行发电，通过储能装置实现电能的存储，或供给用电设备使用，属于新能源范畴。其特点在于占地面积小、安装使用方便，可实现三种工作模式的切换，机械状态模式、电机驱动模式和能量回收模式,在回收能量的同时不产生任何排放,达到节能减排的目的。

作品原理及特点:

在空气污染严重和都市快节奏生活的双重压力下,人们身体素质逐渐变差,运动保健成为关注的焦点。动感单车科学性的设计保证了健身者的安全,运动强度是可控的,增加灵活动感,深受广大健身者的喜爱。目前常见的动感单车,虽能满足运动健身的需求,但不能实现能量的回收利用。

创新点体现为在原型车的基础上增加了电机、控制系统和储能系统。本装置的优势在于占地面积小、安装使用方便,可实现三种工作模式的切换——机械状态模式、电机驱动模式和能量回收模式。工作在第三种模式时,利用人们在运动过程中产生的机械能,通过带传动,带动功率可调式电机的运转,把机械能转化为电能。本装置可应用在用户家中或健身房等场合,随着人们提高健康生活方式的追求,使用馈能式动感单车进行锻炼,逐渐成为新的运动时尚,健身行业将成为节能的贡献者之一。

作品背后的故事:

本技术的关键点在于,传动系统设计、控制电路设计、电机及控制系统固定装置的设计和带传动中同轴度的调节等。在固定装置设计和同轴度调节方案设计中尝试过多种思路,最终选择最优方案。作品创作过程中深刻体会到合作的重要性,小组成员同心协力创造并完成了该作品。从构思到完成作品,指导老师也给予了很大的帮助。另一重要体会是设计中遇到困难时不要轻易放弃,不要畏惧失败,多尝试几种方案,坚信会有解决方法。

设计人:于静美(S201305012)、王军、潘阳(S201205104)、陈升鹏、汤杰、石盛奇、张春强

作品图片:

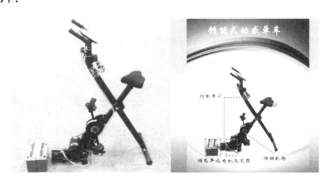

4.12　用于家用空调器排气能量回收的热虹吸管热水系统

所在学院：环境与能源工程学院

作品名称：用于家用空调器排气能量回收的热虹吸管热水系统

指导教师：周峰、马国远

展品编号：2014 – ECAST – 021

作品摘要：

本作品拟设计出一种用于家用空调器排气能量回收的热虹吸管热水系统。该系统基于热管原理，回收家用空调器压缩机排气管余热用于制取生活热水，并采用蓄热式的结构，以蓄热的方式将热水蓄存在水箱中，满足不同生活需求。

作品原理及特点：

随着我国对节能减排重视程度的不断提升以及能源成本的不断提高，制冷系统能源的充分利用受到越来越多的关注。家用空调器压缩机的排气管路温度较高，一般在90℃～120℃范围内，如果将这部分热量通过空调器冷凝器排放至冷却介质即自然环境中，无疑是一种能源的浪费。另一方面，目前我国普通家庭生活热水主要通过燃气等途径获得，需要消耗一定能源，如果能够充分回收压缩机的排气能量，用于获取40℃以上的热水，既可以满足家庭生活热水的需求，又没有额外消耗能源，很好地达到了节能的目的。

本作品拟设计出一种用于家用空调器排气能量回收的热虹吸管热水系统，基于热管原理，获得高换热效率，余热回收效果显著。

设计思路是，在空调压缩机排气管路上安装热虹吸管换热器，使用低沸点热虹吸管工质，回收家用空调器压缩机排气管路的热量，用于制取生活热水，并采用蓄热式的结构，以蓄热的方式将热水蓄存在保温水箱中，满足不同的生活需求。本作品利用空调器压缩机的余热废热，减少家庭日常能源消耗，满足家庭生活用水的需求，实现能源的充分利用。

作品背后的故事：

目前，我国家用生活热水主要通过燃气等途径获得，需要消耗一定的能源，而家用空调器压缩机的排气温度较高，可以达到90℃～120℃，未被充分利用，如果能够充分回收压缩机的排气能量应用于获取40℃以上的家庭生活热水，既解决了家庭生活热水的需求，又不额外消耗能源，达到节能的目的。

设计人：段末（S201305023）、张海云（S201305096）、房磊（S201305022）
作品图片：

4.13　反渗透海水淡化压力能回收装置

所在学院：环境与能源工程学院

作品名称：反渗透海水淡化压力能回收装置

指导教师：刘中良

展品编号：2014 – ECAST – 020

作品摘要：

压力能回收装置由两个旋转阀组成，两者配合使用完成现有设备中 8 个控制阀的功能，集成性大幅提高；旋转运行方式保证系统稳定性，噪声低；过程掺混量可控。该装置填补了我国在此类技术方面的空白。

作品原理及特点：

反渗透技术属于压力驱动的膜分离技术，采用半渗透膜将盐水和淡水隔离时,在盐水侧进一步增压,引起盐水侧淡水反向渗透流动,这一现象为"反渗透"。只有进料海水操作压力大于海水的渗透压时才能使海水中的淡水通过半透膜实现分离。通常反渗透海水淡化过程的操作压力介于 60~80 巴,分离淡水后从膜组件中排放出的浓盐水压力仍高达 50~65 巴,将这部分压力能直接释放将造成很大浪费。据统计浓盐水压力能直接释放所造成的损失约占产水总成本的 30%~50%、运行费用的 75%。而安装了压力能回收装置的海水淡化系统的能耗从 6~8 千瓦·时/米$^{-3}$降低到 4~5 千瓦·时/米$^{-3}$,甚至可以降到 2 千瓦·时/米$^{-3}$。因此回收浓盐水压力能是降低反渗透海水淡化成本的有效途径。本作品即可完成压力能回收要求,主要利用液体的不可压缩性,利用阀芯的旋转完成各种流体的切换,使整个回收系统能够稳定高效地完成压力能的传递和回收。作品由我们自主设计,采用旋转方式并结合自动控制完成流体切换,实现回收功能,结构新颖、系统巧妙,国内外还未曾出现过类似装置。

作品背后的故事:

2012 年我们组成技术研发团队,主要为设备的研发和测试而努力,在设备的调试及运行过程中,遇到的主要困难是设备的密封问题,目前我们的目标是完善现有设备的密封功能,因此作为一个团队我们将会进一步加强相关方面的理论知识,并寻找具备一定生产能力的厂家为我们加工设备。虽然创作过程中困难重重,但我坚信在团队的共同努力下一定会取得满意的成果。

设计人:刘宁(S201205024)、王敬文(11056109)、赵磊(11056108)

作品图片:

4.14 村镇污水一体化处理设备研发及其智能控制

所在学院:环境与能源工程学院

作品名称:村镇污水一体化处理设备研发及其智能控制

指导教师:彭永臻、杨庆

展品编号:2014 – ECAST – 019

作品摘要:

基于智能控制的一体化设备,构建了融合新型脱氮工艺,过程控制技术,按需定制服务等理念的村镇污水处理新模式。

作品原理及特点:

原理:1. 一体化缺氧/好氧生物膜反应器:将缺氧/好氧的运行方式融入连续流生物膜工艺,通过发挥不同种群微生物的协同作用,强化低碳氮比污水的脱氮性能,辅以化学除磷,实现同步脱氮除磷;2. 智能控制系统的建立与运行,寻求水质指标与控制参数(如 DO,pH,ORP 等)的对应关系,并形成相应的控制策略,并设定预警值,对处理后的水源根据不同的用途进行分类,并制定相应的处理模块,实现再生水资源的就地利用

特点:1. 理念创新:引入"污水分散处理",绿色环保;2. 技术创新:将传统的污水处理流程集成到一体化设备中;将智能控制技术融入污水处理过程;3. 模式创新:建立处理设备运营维护的远程控制和定期响应系统;实现无人化管理。

作品背后的故事:

在创作过程中,我们在技术保障,实物制作,系统构建等方面遇到了困难,通过自主学习,团队合作,导师指导等方式进行解决,取得了良好的效果。创作体会:科技源于生活,创新点亮未来,细心寻找,科技就在你我身边。

设 计 人:冯红利(S201305127)、龚灵潇(S201005090)、朱如龙(S201005091)、冯超(S201025003)

作品图片:

4.15　新型空气琴的研发与制作

所在学院: 应用数理学院

作品名称: 新型空气琴的研发与制作

展品编号: 2014 – ECAST – 022

指导教师: 王吉有

作品摘要:

本项目旨在研发一种新型的凭空发声的乐器,利用三轴传感器与光敏电阻成功实现了空气鼓的制作,其中一个三轴传感器为军鼓控制器,还有一个为地鼓镲片控制器,光敏电阻则用来控制开镲与闭镲片。目前国内对于该类 UI 乐器的研究很少,所以本项目在物理与音乐结合的领域具有很强的创新性。

作品原理及特点:

本项目的灵感来源于 Theremin 琴。该琴至今依然是世上唯一不需要身体接触的电子乐器。但是该乐器还有很多不足,就是定标问题,演奏者如果没有特别高超的乐感就没法对其进行演奏。我们团队受其启发,打算利用单片机开发一款类似的琴。但是在多番尝试之后,我们发现琴的 midi 不是线性的,于是我们把原来的计划改成了空气鼓。利用 Arduino 开发板,团队自行编程,利用三轴传感器作为信号的输入源,当演奏者做出演奏动作时随即输入信号,通过 Ar-duino 开发板运行程序将信号输出到 midi 音源中,其中一个三轴传感器为军鼓信号输入,还有一个为地鼓镲片信号输入,光敏电阻则用来控制开镲与闭镲片。这样的一套系统,成功的模拟出了鼓的系统。

作品背后的故事:

起初,我们打算研发一款类似的琴。但是一番努力过后,虽然制成了琴,但是因为琴的 midi 信号不是线性的,模拟演奏特别困难,于是,经过一番讨论后,我们把琴改成了鼓。并且利用陀螺仪的原理,选用三轴传感器作为信号的输入源,当演奏者做出演奏动作时随即输入信号。通过 Arduino 开发板运行程序将信号输出到 midi 音源中,其中一个三轴传感器为军鼓信号输入,还有一个为地鼓镲片信号输入,光敏电阻则用来控制开镲与闭镲片。团队的力量是伟大的,过程的艰辛用文字描述可能略显苍白,真正的努力坚持只有经历过后才能有真切的感受。

设计人:韩媛媛(11061222)、秦宏鹏(11061118)、郑石明(11061126)、吕昊阳(11061116)

作品图片:

4.16　PM2.5 空气监测仪

所在学院:应用数理学院

作品名称:PM2.5 空气监测仪

展品编号:2014 - ECAST - 023

指导教师:周劲峰

作品摘要:

本系统主要实现对室内空气质量监测并对数据进行处理的功能,此外,可以连接到网络,可以实现远程监控。

作品原理及特点:

我们的可扩展 PM2.5 监测仪,能够测量 PM2.5、温度、湿度、粉尘等多种空气参数,并且硬件可扩展,插入相应的传感器卡即可测量相应的空气参数,终端采集器还配备了网络功能,能够帮助政府及有关部门部署监控网络。空气质量检测仪以 STC89C52RC 单片机为核心,监测温度湿度、可吸入颗粒物(PM2.5)浓度、细颗粒物(PM10)浓度,并具备显示屏,用户可通过按键的方式打开显示屏查看当前参数。并且通过蓝牙,将测得的数据发送给附近的服务器,服务器接入互联网,用户可以通过互联网 APP、电脑、移动设备获取监测的数据,也可以根据需要绘制曲线。

作品背后的故事:

创业团队主要分为技术组、管理运营组。主要由郝婧同学负责项目管理,杨光负责研发设计系统。其他同学根据分工完成自己的工作。主要由校内外导师共同负责,安排产品的检测和市场推广工作。结合公司本身产品特点和校外资源结合,由导师和校外导师联合负责。结合 2013 年北京市 AQI 年度报表参考 AQI 和舒适度指数,又考虑到当前北京市的主要污染源引起的污染物有 PM2.5、PM1.0,选定 PM2.5、PM10,温度,湿度作为本仪器的主要测量指标,但为了更好地兼容 AQI,产品还预留了接口可以方便地接入二氧化氮、二氧化硫、和臭氧传感器。为此有了以下设计目标:1. 传感器采用可插拔设计,方便更换;2. 整体设计要稳定可靠,风道要设计合理,使测量结果受到的影响尽可能的小;3. 无线通信采用蓝牙模块,能够实现一定距离上的通信,又能降低系统复杂度;

4. 本仪器设计取代家中现有的烟雾报警器,给人们带来更多方便。

设计人:杨光(10061104)、郝婧(11061206)、郭龙飞(11061201)、李娜(S201306064)

作品图片:

4.17 颜色检测与在线显示

所在学院:应用数理学院

作品名称:颜色检测与在线显示

展品编号:2014 – ECAST – 025

指导教师:彭月祥

作品摘要:

颜色传感器可以测量各种颜色的 RGB 分量,通过单片机访问读取颜色传感器感应到颜色代码,输出到液晶屏上。被测物体颜色直接显示在 LCD 上。

作品原理及特点:

把颜色用发光二极管发射出来以实现多种颜色的显示是一种很常见的方式,我们在想这个过程是不是可以反过来,将某种颜色检测出来。我们的作品源于这种逆向思维。使用集成度很好的商业化的芯片很容易实现对颜色的分解、数字化,难题在于如何将传感器获得的数字量展示出来。基于实验室中正在开设的单片机课程,本团队将课程中学到的控制思想应用在这种想法上面,实现了颜色采集、颜色显示的过程。基本过程是这样的:颜色传感器吸收物体反射光后,经由传感器中的滤光片将颜色的 RGB 三种颜色剥离出来,分别测量其组成百分比,传感器将百分比数值转化成单片机可接受的数字量存储起来,单片机通过访问传感器的存储区将数字量接收,单片机对数字量的处理跟传感器接收处理颜色信息的过程相反,最终得到的颜色信息使用彩色屏幕显示出来。

作品背后的故事:

直接采集颜色信息对于工业应用很重要,比如对炼钢过程中的钢水颜色的检测,可以对钢水的温度获得更直接的信息。采用廉价但是精度足够的颜色采集器、单片机控制器可以很容易地实现颜色的采集、颜色信息处理。团队成员对传感器、控制理论都很感兴趣,在课余时间完成了作品的设计、调试、组装。尤其在作品外壳的制作上,学习了激光加工系统的操作,有机玻璃材料的切割技巧,以及怎样更好地固定等小的细节都用心思考。我们在想,物理过程中的各种现象几乎都可以用这种简单易懂的方式呈献给大家,让大家了解物理世界的有趣,在此过程中作为制作者的我们学到很多知识,学会做很多事情,这便是我们的收获了。

设计人:高小强(09061123)、陈曲(09061209)

作品图片:

4.18　消防车建模与仿真系统

所在学院:计算机学院
作品名称:消防车建模与仿真系统
指导教师:杜金莲
展品编号:2014 – ECAST – 028
作品摘要:

该系统模拟了消防车在灭火救援过程中的各种动作,包括消防云梯的运动、车门的运动、消防水管的运动、车轮的运动,系统采用合适的驱动策略,能够通过程序模拟以上几种动画效果。此外,系统中的消防车模型能够在室外道路中自动选取最短路径,实现在场景中的运动。系统采用 DirectX 图形引擎渲染实现。

作品原理及特点:

研究了现有虚拟消防训练系统中消防车模型的构建方法,提出一种构建多种类型消防车模型的方法,分析各类消防车模型在消防救援过程中的重点动作,提出两种驱动消防车模型实现不同类型动画效果的策略。对云梯消防车、水罐消防车和指挥消防车的关键部件,如车门、车轮、消防云梯、消防水管的仿真,提出采用骨骼动画技术驱动现有动画集的策略,进而实现部件的单一和复合动画效果。对消防车沿场景道路运动的仿真,采用驱动根骨骼节点的策略,进而实现消防车模型自动选择场景中最短路径并沿该路径移动的动画效果。

作品背后的故事:

系统模拟了一个简单的虚拟室外场景,提供室外场景中各种静态场景元素和动态场景元素的加载、编辑和渲染功能。根据用户发出的不同控制命令,系统驱动消防车模型在室外场景中完成指定的动画效果,最终实现消防车在消防救援过程中的各种运动仿真。

作为自己的研究生毕业设计,课题研究中遇到了很多的困难,首先是模型的获取非常不易,需要自己动手制作各种消防车模型,并且需要优化模型。骨骼动画方面的技术国内的资料有限,阅读了大量的外文文献,最后解决掉开发过程中的一些关键问题。整个毕业设计完成需要非常大的耐心和非常多的思考,过程中得到了导师的悉心指导。

设计人：马良（S201107154）、吴强（S201307113）

作品图片：

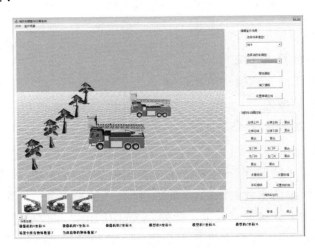

4.19　无线视频监测系统

所在学院：计算机学院

作品名称：无线视频监测系统

指导教师：韩德强

展品编号：2014 – ECAST – 030

作品摘要：

　　无线视频监测系统深度定制基于 Galileo 平台的 Yocto 操作系统，使用 USB 摄像头进行视频采集，通过无线网卡实现已采集视频的传输。PC 端或移动终端上能够实时播放视频，并且能够执行播放、暂停等控制操作。

作品原理及特点：

　　本系统使用 USB 摄像头进行视频采集，通过 Mini PCIe 接口的无线网卡实现视频的采集传输，使用 RTP（Real – time Transport Protocol，实时传输协议）协议，将数据传输至 PC 端或移动终端。PC 端或移动终端上能够实时播放视频，并且能够执行播放、暂停等操作，对摄像头的开启、关闭、分辨率切换都能进行控制。

　　本系统可以搭载于智能车或可移动设备上用于视频监测和图像处理。后期,可以扩展音频的采集和传输,应用在智能家居的可视门禁系统。

作品背后的故事:

无线视频监测系统主要是在Galileo平台上进行开发,利用Galileo平台的资源,用于视频监测和图像处理。同时,针对当下广受热捧的"智能家居"这一主题,本系统也可应用在可视门禁系统上。我们在开发过程中也遇到了各种各样的问题:

计算机客户端程序开发过程中,发现程序放置到未安装开发环境的机器上不能直接运行,经过排查发现是由于之前编译的实时通信协议Jrtplib库存在平台依赖性,重新静态编译后,链接到主程序即解决问题。

从定制操作系统到摄像头数据的采集,再到数据传输,以及最后的视频播放,每一部分都是一次学习的机会。本系统跨Linux、Android、Windows三个平台,在开发过程中由于缺乏经验以及适时沟通,不同平台每当调试进度错开后,就很难再次同步实现开发,会拖延总体进度,在此也领悟到团队协作的重要性。

设计人:徐伟诚(S201307126)、杨利平(S201307024)

作品图片:

4.20　自行车导航地图

所在学院:计算机学院

作品名称:自行车导航地图

指导教师:包振山、张文博、严海、熊文

展品编号:2014－ECAST－031

作品摘要:

本产品在传统的基于最短路径的搜索地图基础上,提出了基于出行者选择偏好的自行车交互地图,并且借鉴麦克哈格的空间叠置法,使不同要素产生影响的叠加效用研究成为可能。方便民众出行以及城市规划。

作品原理及特点:

目前,Google 地图已推出自行车导航功能,但是为了让人们可以在选择路径上个性化,多元化,还有很长的路要走。我们要让自行车地图不仅仅提供最短路或者简单的导航功能,更要为出行者提供他所需要的环境最优路径。

为了实现逻辑道路长度的建立,我们在传统地图文件中为道路添加遮蔽率、噪声、照明水平、畅通度等属性,通过属性权值叠加,使得每一条道路在基于单位长度的基础上对距离赋予新的定义。

我们基于服务器—客户端架构,实现内容。

服务器用于存储地图数据,并且在云端实现道路搜索算法,将结果通过点集的方式发布到客户端。

信息发布与使用通过两种形式:1. 通过网页的形式发布道路情况的静态地图,通过颜色设置可显示不同属性的道路情况。并且在网页端提供路径搜索功能。2. 手机客户端提供路径搜索和导航功能,并且可以通过拖动规划路径设置中转点。

作品背后的故事:

在现有阶段,我们实现了很多成型的老牌技术,构建出了我们整个项目的框架,在这个过程中锻炼了解决问题以及学习新技术的能力。下一阶段,我们将在项目中增添科技的创新以及新兴技术,如加入动画以更好地实现导航界面,使用更好地优化后的导航算法等,以锻炼我们研究和创造的能力。

设计人:杨鹏飞(11070014)、阚京(10070024)、潘烁宇(11072128)、王求元(12073234)

4.21　迷彩图案生成系统

所在学院:计算机学院

作品名称:迷彩图案生成系统

指导教师:王勇

展品编号:2014 – ECAST – 032

作品摘要：

本作品主要是为了简化迷彩设计，用计算机代替人的手工绘图，并用纹理贴图的手段，将绘制好的迷彩图案，映射到三维模型的表面做展示，观察图案的绘制效果。

作品原理及特点：

迷彩伪装是现代高技术战争中武器装备保存自我的重要手段，要充分发挥迷彩的伪装效果，必须借助于计算机高性能的计算能力和自动化处理能力，完成迷彩的自动化设计，乃至仿真和评估。迷彩图案自动化设计系统（Camouflage Design System）正是用于自动及辅助设计迷彩图案以及进行模型仿真模拟迷彩图案实际涂装效果。此项目是针对国防航天 15 所的实际军事需求，依托 Visual Studio、QT 平台，利用 C＋＋语言，在 OpenGL 类库的支持下，采用 MVC 模式，分别从模型、视图和控制器三个层次来实现整个项目的设计和开发，包括对颜色管理、画板设置、斑点绘制、图案展示、图案的保存等内容。

作品背后的故事：

刚开始接触 QT 开发环境，环境的搭建都无从下手，再到慢慢地适应开发环境，最终通过各方面查阅资料，逐渐掌握了开发所需要的一些知识。图像生成模块，开始没有找到好的曲线模型模拟迷彩图案，最后通过计算机图形学中的插值曲线，解决了这一问题。三维模型的导入以及纹理贴图模块，刚开始也没有找到好的解决办法，通过对 OpenGL 的学习，最终找到了解决办法。

设计人：许荣强（S201307082）、辛淙（S201307081）、刘鹏飞（S2013070156）

作品图片：

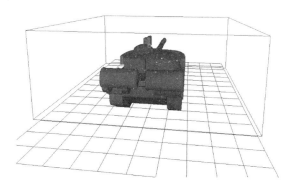

4.22　金钥匙系列之"靓点 **PAD** 点餐系统"

所在学院:软件学院

作品名称:金钥匙系列之"靓点 PAD 点餐系统"

指导教师:何泾沙

展品编号:2014 – ECAST – 035

作品摘要:

靓点 PAD 系统,技术的创新点包括基于实体类的客户端与服务器端通信技术、融合信息推送的数字化点餐方法、周边休闲娱乐和游戏试玩广告推荐方法、数据传送加密技术、云平台统计管理方法。

作品原理及特点:

靓点 PAD 系统采用直接和间接相结合的营销模式进行销售,采用成套出售、租赁、收取服务信息费三种主要的盈利模式,由餐厅客户根据自身情况自行选择购租方式。本系统提供一种新型数字化点餐方案。整个系统架构分为三个部分:信息管理平台、餐厅商家服务器、手持化信息终端。信息管理平台采用云平台的部署方式,主要为餐厅商家和信息服务提供者提供数据管理服务;餐厅商家服务器作为本地服务器为餐厅内部的手持化信息终端提供服务;同时餐厅商家服务器与云平台互联;手持式信息化终端为餐厅顾客提供自助点餐及相关服务信息等便利功能。技术的创新点包括基于实体类的客户端与服务器端通信技术、融合信息推送的数字化点餐方法、周边休闲娱乐和游戏试玩广告推荐方法、数据传送加密技术、云平台统计管理方法。

作品背后的故事:

项目开发前,我们运用 PEST 分析模型,通过前期细致的市场调研,结合政策法规、经济环境、社会环境、技术环境分析得出:面对人力成本、竞争压力的逐年升高,中国餐饮业进入"微利时代",传统的管理、经营模式遭遇严峻挑战。所以,我们的产品应运而生。

本系统提供一种新型数字化点餐方案。整个系统架构分为三个部分:信息管理平台、餐厅商家服务器、手持化信息终端。信息管理平台采用云平台的部署方式,主要为餐厅商家和信息服务提供者提供数据管理服务;餐厅商家服务器作为本地服务器为餐厅内部的手持化信息终端提供服务;手持式信息化终端为餐厅顾客提供自助点餐及相关服务信息等便利功能。

设计人：高梦晨（10080208）、张伊璇（B201325001）、白鑫（S201325021）、聂子航（S201225042）

作品图片：

4. 23 基于三轴加速度和陀螺仪传感器的跌倒检测与报警系统

所在学院：软件学院

作品名称：基于三轴加速度和陀螺仪传感器的跌倒检测与报警系统

指导教师：何坚

展品编号：2014 - ECAST - 036

作品摘要：

基于三轴加速度和陀螺仪传感器的跌倒检测报警系统能够实时采集人体活动产生的三轴加速度和角速度数据，并进行跌倒检测，当判断发生跌倒时，系统自动通过拨打电话或发送带有 GPS 位置的短信向监护人员报警。

作品原理及特点：

基于 3D 加速度和陀螺仪传感器的老年人跌倒检测报警系统属于电子信息领域,其特征在于系统将集成了三轴加速度、陀螺仪和蓝牙传感器的活动感知模块放置在背心的颈背部,制成可穿戴背心,进而实时采集个体活动产生的三轴加速度和角速度数据,并将计算生成的合加速度与角速度通过蓝牙发送给 Android 智能手机。手机上运行的基于 k – NN 算法的跌倒检测程序对接收到的数据分类识别。当判断老人发生跌倒时,系统自动通过拨打电话或发送带有 GPS 位置的短信向监护人员报警。系统结合了移动普适计算技术,具有便携、可移动和实时性等特点。

作品背后的故事：

随着老龄化程度的加剧,跌倒已经成为一个严重的问题,采取一定的措施进行跌倒检测十分必要。本作品受到北京自然科学基金(No. 4102005)的支持,由几名研究生合作完成。首先,建立基于三轴加速度和角速度的人体活动模型,通过分析日常活动与跌倒状态中合加速度和角速度的特征差异,选取合适的滑动窗口,并采用 k – NN 分类算法识别跌倒活动;其次,设计实现了一个集成三轴加速度和陀螺仪传感器的活动感知模块,实时采集人体运动的合加速度和角速度数据,并将数据发送给 Android 智能手机;最后,在 Android 智能手机上设计实现了基于滑动窗口和 k – NN 算法的跌倒检测报警系统,系统能实时检测跌倒状态,并通过打电话或短信等方式进行报警。在研究过程中,我们不断改进算法,从最初的阈值法到 k – NN 分类算法,提高了跌倒识别的准确率。

设计人：胡晨(S201325017)、李杨(S201125033)

作品图片：

4.24 今天穿什么

所在学院:软件学院

作品名称:今天穿什么

指导教师:邵勇

展品编号:2014 – ECAST – 037

作品摘要:

本作品是一款手机软件,基于 Windows Phone 8 平台进行开发。

本作品的主要功能是通过分析当天天气状况向用户给出穿衣建议。

作品原理及特点:

纵观移动应用市场,天气预报的应用比比皆是。但是,大多数的天气预报应用仅仅是提供简单的穿衣指数或宽泛的穿衣建议。本程序正是基于这个现状开发的。作品的主要功能是通过分析当天天气状况向用户给出穿衣建议。

作品背后的故事:

如今市场上天气预报的软件有许多,大多数也都提供穿衣指数或穿衣建议,本应用正是对穿衣建议这一功能进行优化。本项目的灵感来源于身边不常关注天气变化,导致穿衣不适当的人群。

团队成员共四人,程序制作、美工、文本等工作分工明确。各成员都非常积极认真地做好自己分内的事情。

设计人:李瑶(12080120)、王凯旋(12080102)、占小瑜(12080124)、厉嗣傲(12080221)

作品图片:

4.25　基于前额叶脑电的疲劳驾驶预警系统

所在学院:软件学院

作品名称:基于前额叶脑电的疲劳驾驶预警系统

指导教师:何坚

展品编号:2014 – ECAST – 038

作品摘要:

疲劳驾驶检测预警系统是由蓝牙耳机和安卓手机共同组成的。蓝牙耳机实时采集数据,并发送给运行了疲劳驾驶检测软件的安卓手机;软件自动计算并实时判断驾驶员状态类型,安卓手机则将当前的状态类型反馈给驾驶员。

作品原理及特点:

本发明利用 NeuroSky 公司的 MindWave Mobile 蓝牙耳机实时采集驾驶人员的脑电数据,蓝牙脑电耳机是由 NeuroSky 公司生产的 MindWave Mobile 蓝牙耳机,一个输入端与放置在驾驶员前额的脑电传感器的输出端相连,另一个输入端与放置在驾驶员耳部的参考电极接触点相连,输入驾驶员的脑电波信号,可由耳机内集成的脑电感知芯片 ThinkGear 从脑电波信号中提取专注度 Attention 数据和冥想度 Meditation 数据,其中,Attention 信号的大小反映了驾驶员注意力集中程度,在 0~100 间取值,Meditation 信号的大小反映了驾驶员注意力不集中的程度,在 0~100 间取值,再通过耳机内集成的蓝牙模块以每秒钟一次的速率发送给集成蓝牙模块的安卓手机内,检测到驾驶人员疲劳状态后,手机将通过铃声向驾驶人员进行报警。系统具有检测精度高,方便驾驶人员携带和使用等特点。

作品背后的故事:

如何避免和减少交通事故成为科学家积极研究的课题,主要研究目标为提前预防交通事故并减少伤害。疲劳驾驶一直都是交通事故的主要因素之一。驾驶员在疲劳状态下会出现注意力分散、思维活动降低,进而造成其反应迟钝、车辆控制力下降,增加发生交通事故的可能性。若能对驾驶员的疲劳状态进行预测,并把结果反馈给驾驶员,则能在一定程度上减少交通事故的可能性。检测到驾驶人员疲劳状态后,手机将通过铃声向驾驶人员进行报警。系统具有检测精度高,方便驾驶人员携带和使用等特点。

设计人:刘东东(S201325019)、万志江(S201125025)

作品图片:

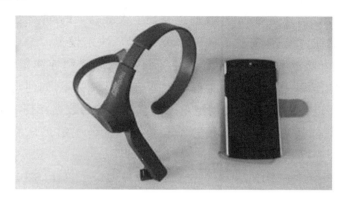

4.26　八爪鱼涂鸦画板

所在学院:软件学院

作品名称:八爪鱼涂鸦画板

指导教师:石宇良

展品编号:2014 – ECAST – 039

作品摘要:

八爪鱼涂鸦画板是一款便于单手握持使用的手机2D涂鸦软件。

在没有额外支撑平台的情况下,单手能够完成类似绘图这样步骤较复杂的创作型操作,而且充分利用智能手机中包括各种传感器在内的输入输出设备来提供更自然更便捷更符合直觉的交互方式,这是本课题想探索的。

作品原理及特点:

生活中有很多场景,用户都只能在没有其他支撑平台的情况下,用一只手去操控手机,八爪鱼涂鸦画板就是在没有额外支撑平台的情况下,单手能够完成类似绘图这样步骤较复杂的创作型操作。产品有七大功能模块,分别为:1.图元管理模块;2.线条绘制模块;3.橡皮擦模块;4.绘制线段模块;5.绘制形状模块;6.画布的移动及缩放模块;7.非触屏操作模块。

产品创新点在于:1.单手握持时即可进行涂鸦创作。2.可以绘制三次贝塞尔曲线。3.可以利用重力传感器和麦克风进行涂鸦,大大提高了产品交互性,让用户更加乐在其中。

作品背后的故事:

在产品设计与开发过程中,我们也碰到了很多棘手的问题,比如如何绘制三次贝塞尔曲线,我们在查找了各种方法后,最后决定设置一个判断线段状态的参数,当线段处于不同参数时,我们进行不同的画线和连线操作进行解决。而在非触屏操作模块中,我们要实现重力感应涂鸦的功能,如何将重力传感器的接口与程序进行交互,同时如何把重力传感器回传的数据在程序中实现相应的效果。解决这个问题的时候,我们先定义了一个重力滚动球,在它滚动的时候,我们获取到它的轨迹作为涂鸦的内容。

设计人:马家骏(S201325053)、李朔(S201325043)、蔡森(S201325011)

作品图片:

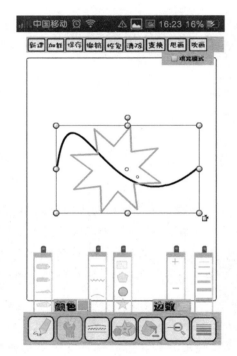

4.27 局域网信息发布系统

所在学院:软件学院

作品名称:局域网信息发布系统

指导教师:张丽

展品编号:2014 - ECAST - 043

作品摘要:

局域网信息发布系统主要实现基于局域网服务信息发布和发现功能,弥补了基于 Android 的应用程序在局域网通信领域的空白和不足。具备较强的创新性,对 Android 应用程序在局域网领域的开发具有一定的推动作用。

作品原理及特点:

虽然基于 Android 的应用程序非常广泛,但基于无线网的 Android 应用很有限,主要局限于局域网聊天工具的开发,与基于局域网服务信息发布和发现相关的应用十分匮乏。本软件以手机 Android 操作系统为平台,在局域网环境下,通过开发的软件"基于 Android 的局域网信息发布与查询系统",来实现局域网服务信息的发布和查询。目前软件主要还是基于 C/S 模型,客户端位于手机上,基于 Android 操作系统;服务器位于 PC 机上,基于 Windows 操作系统。客户端在连接入局域网后,通过组播通信技术,在局域网范围内寻找服务器。之后,客户端与服务器之间通过 Socket 套接字进行数据传输。而服务器将服务信息和用户信息存储在本地文件中。

作品背后的故事:

软件开发过程中,在网络信息传输部分遇到的问题较大,多次试验均以失败告终,接收端无法收到发送端发出的数据,最后在老师和学长的帮助下,发现问题出在 AP 节点的设置上,最终解决了问题。

设计人:毕帅(S201325057)、陈玄(S201225046)

作品图片：

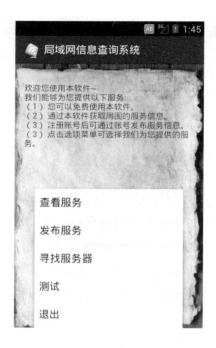

4.28　网购试衣间

所在学院：软件学院

作品名称：网购试衣间

指导教师：黄志清

展品编号：2014 – ECAST – 041

作品摘要：

通过网络摄像头，模拟网络试衣间，解决网购衣物时无法亲自试穿所带来的不便利，从而为网购衣物带来更多便利，加快进入 web2.0 时代，加快产品的创新速度，与相关电商进行产品绑定获得利润。

作品原理及特点：

可以解决现阶段网购衣服无法像真实购物时进行体验的问题，对现在有关人体识别技术进行研究，并将相关研究结果应用在现实社会中，使研究具有商业价值与使用价值。项目的成功完成将给予电子商务方面巨大的推动力，让用户的使用体验上升到另一个层次。随着 web2.0 时代的到来,人性化、现实化的网页将是未来的发展方向,如果我们可以率先进入这个时代并走在时代的前面,我们所做出的产品将会吸引大量的用户,以迎合一个时代初始时的竞争与需求共存的特点。

作品背后的故事:

这个项目锻炼了我们的团队合作能力,和对有关算法进行研究的能力,我们所收获的并不只是一个成品而是在制作这个成品的过程中所学习到的学习方法和知识。这个项目如果可以应用到现实中将会给用户带来不同的体验,同时可以给产品购买者提高用户访问量,甚至可以提高销售量。未来将会有越来越多的网站意识到模拟现实的重要性,我们的产品是对未来的创新是对用户体验的创新。

设计人:张焕(11080104)、徐晓雨(11080103)、范朝辰(11080022)、侯立夫(11080007)、薛双绛(11080023)

作品图片:

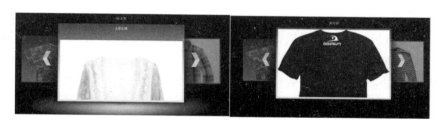

4.29　脑电波控制智能车

所在学院:软件学院

作品名称:脑电波控制智能车

指导教师:严海蓉

展品编号:2014 – ECAST – 042

作品摘要:

通过脑电波检测设备,读取驾驶者的脑电波,判断其专注度高低,从而控制车辆的行进方向,借由小车上的摄像头,驾驶者可以以小车的第一视角查看前方的情况,并在云端查看行车记录。另外,超声波避障功能使得驾驶安全得到更好的保障。

作品原理及特点：

现今，疲劳驾驶在交通安全领域已经得到越来越广泛的关注。研究数据表明，每 10 场车祸中有 7 场是由于疲劳驾驶引发的。而脑电波这一项一直带有神秘色彩的研究，不仅对医疗、生物研究方面有突出贡献，同时也可以利用其潜在的可能使得疲劳驾驶得以被杜绝。随着技术的发展，脑电波已经可以被精密仪器很精确地分析出来，这些成熟的技术与设备都为基于专注度的小车控制模型的设计提供了很高的可能性。我们通过提取到的脑电波数据，确定专注度，从而控制车辆的行驶。

智能车的启动是由人脸激活的，当小车的摄像头检测到人脸时启动，并转为脑电波控制模式。控制的规则是由"驾驶员"精神的专注度决定的，由普遍最低值和普遍最高值来对专注度划分出不同的梯度来表示不同的专注等级，从而根据不同的专注等级小车做出相应动作。检测脑电波，分析脑电波，提取详细数据，匹配专注度梯度，控制车辆动作，这是本项目的大体程序流程。

作品背后的故事：

最初的设计中，小车所拍摄的视频存储媒介是 SD 卡，一方面有容量限制，另一方面也不便于回收查看。为了保留实时监控的珍贵数据，我们经过讨论研究，决定利用云存储技术来解决这一问题，这种方式也为作为个人数据的行车记录提供了安全保障。

设计人：鲍爽（10080020）、李健（10080011）、唐鹏（10080012）、杨光（10080016）

作品图片：

4.30　泡沫玻璃

所在学院:材料科学与工程学院

作品名称:泡沫玻璃

指导教师:田英良

展品编号:2014 – ECAST – 044

作品摘要:

泡沫玻璃在节能工程上被誉为"黑珍珠",在国外已普遍应用。它是由发泡剂、改性添加剂和助剂等辅助原料,经过细粉碎和均匀混合后,再经过高温熔化,发泡、退火而制成的无机非金属玻璃材料。

作品原理及特点:

泡沫玻璃是一种多孔材料,气孔率达 90% 以上,内部充满无数微小均匀连通或封闭气孔。它具有机械强度高、导热系数小、热功能稳定、热膨胀系数低、不燃烧、不变形、使用寿命长、工作温度范围宽、耐腐蚀性能强、不具放射性、不吸水、不透湿、不受虫害、易加工、可锯切、施工方便等优点,是一种性能良好的保温隔热和吸声的节能环保材料,也是一种轻质的高强建筑材料和装饰材料。

作品背后的故事:

设计人:郭曙光(S201209055)、吴德龙(S201209054)

作品图片:

4.31　家用富氢饮品制备仪

所在学院:生命科学与生物工程学院

作品名称:家用富氢饮品制备仪

指导教师:马雪梅、谢飞

展品编号:2014 – ECAST –053

作品摘要:

家用富氢饮品制备仪可以及时有效地为使用者提供富氢的健康饮品。它制氢效率高成本低,溶解氢气量大,操作简单,外观小巧实用,适合安放于办公桌、书桌等地方,方便人们在学习工作之余饮用富氢饮品。

作品原理及特点:

目前市场上的氢水发生装置大多因其对于操作的要求和外形体积而限用于实验研究领域。就本产品的特点而言,首先本产品摒弃了常见的将水注入仪器进而得到富氢水的设计,而是采取利用仪器对配套的水杯中的饮用水进行加氢的方式,这不仅避免了饮用水的二次污染,也解决了长期储存水的水质问题,更重要的是人们可以根据个人爱好或需要选择不同的饮品,例如茶水等,这更符合本产品人性化的设计理念,也更符合普通家庭这一消费对象。其次,本产品操作简单,根据设定好的反应时间和含氢浓度对饮用水进行氢气的灌注,无需操作人员过多的操作,更适合没有实验仪器操作经验的普通群众应用。最后,外观上采取人性化的设计理念,使该仪器和家中不同于实验室的温馨氛围更匹配。

作品背后的故事:

在产品的设计及制作过程中,设计团队首先深入研究氢气的作用机理和使用对象,从而为之后的产品设计定出大的方向。在对氢气治疗效果的研究过程中,团队惊喜地发现氢气对于脑缺血、肝缺血、心肌缺血和器官移植、动脉硬化、肠炎、肝炎、关节炎、氧中毒、减压病和糖尿病等多项疾病都具有很好的治疗效果。更重要的是,在日常保健方面,氢气在改善人们的学习记忆功能以及吸烟者的肺部健康也起着重要作用。这意味着产品的设计要更符合大众化的需要,最终团队将产品定位为家用型,并围绕这一主题进行零部件及外观的设计。

设计人：马羚（10102120）、李孟真（12104113）、关晓磊（12104103）、沈妍君（11121220）、邓子宣（12104128）

作品图片：

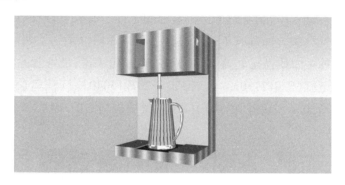

4. 32 可穿戴式健康监测系统

所在学院：生命科学与生物工程学院

作品名称：可穿戴式健康监测系统

指导教师：宾光宇

展品编号：2014 – ECAST –054

作品摘要：

该系统包括三个可穿戴式健康监测设备。

1. 心率腕带，戴在手腕处，可以采集运动下的心率；2. 多生理参数监测系统，可监测心电、血氧、连续血压、脉搏波；3. 可穿戴式血压测量设备操作简单方便，直接获得准确、连续血压值。

作品原理及特点：

1. 心率腕带。利用基于反射光的光电容积脉搏波测量心率；2. 多生理参数监测系统。可利用心电电极和指夹式脉搏波采集器采集心电和脉搏波信号，计算出脉搏波传导时间来推算血压值，进行连续血压监测；3. 可穿戴式血压测量设备。软件操作传统示波法对血压进行测量，可定时连续测量血压，结果保存利用蓝牙传输到设备。

作品背后的故事：

硬件和外观不易设计，原料寻找困难。从以前开发的设备中寻找灵感，与校外硬件工程师合作学习,解决问题。软件调试很长时间,得不到满意的结果。小组成员共同开会讨论解决方案,改进了原有思路,查阅资料并做实验对比,重写了算法,达到了目的。

创作体会:创作中,本小组成员都学习到了许多有关软硬件方面的知识,尤其是制板,研发算法方面都有了很大提高。同时我们也学到了如何在一个集体中各司其职,使整个团队运转流畅。对于一个小组来说,最重要的便是效率。

设计人:董骁(S201215033)、李淑园(S201215040)、闫佳运(S201315045)、贾菲菲(S201315036)、曹荟强(10101116)、梁栗炎(11101101)

作品图片:

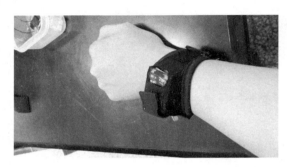

4.33　皮下脂肪厚度检测仪

所在学院:生命科学与生物工程学院

作品名称:皮下脂肪厚度检测仪

指导教师:郝冬梅、张松、杨益民、杨琳、宾光宇

展品编号:2014 – ECAST – 052

作品摘要:

作品可以检测人体任意部位的皮下脂肪厚度,用于健康监测。按下启动键,声音提示发射近红外光,检测从皮肤表面反射回的光电信号,经过信号处理,在液晶屏上显示皮下脂肪厚度。两节碱性电池供电,操作简单,携带方便。

作品原理及特点:

用近红外光照射体表某部位时,大量的光穿过皮肤进入皮下组织,大部分的光在脂肪组织中发生背向散射,在肌肉组织中主要被吸收。因此,通过检测与光源同侧的后向散射光,经光电转换和放大滤波后,根据人体实验所建立的数学模型,计算皮下脂肪厚度。作品通过大量的离体实验和人体实验建立了人体皮下脂肪厚度测量模型,设计了软硬件,研制了实验样机。与B超检测结果具有较好的相关性。与同类产品相比,本产品具有可以检测身体任意部位脂肪厚度的特点,操作简单、方便,体积小、重量轻,成本低,可以在家庭、健身房和美容院普及使用。

作品背后的故事:

要善于沟通,有合作意识:在进行人体实验时,需要招募被试者,向被试者解释实验目的、实验原理,得到他们的配合,才能采集满意的数据。团队成员要很好合作,才能顺利完成实验。寻求专家指导:在进行B超图像分析时,虚心向多名医学专家请教,掌握识图技巧。

设计人:杨则强、王玉、施景彬、金鎏

作品图片:

4.34 伤口面积测量系统

所在学院:生命科学与生物工程学院

作品名称:伤口面积测量系统

指导教师:乔爱科、杨琳

展品编号:2014 – ECAST – 055

作品摘要:

伤口面积测量系统包括基于安卓系统的伤口面积测量软件及辅助微型测

距装置,系统可完成对伤口面积的准确测量。软件已申请软件著作权,针对像素点进行图像处理,硬件是基于超声波测距原理设计的,环保、利用率高。

作品原理及特点:

伤口面积测量系统是针对伤口(尤其是烧伤伤口)的面积准确测量展开的,项目旨在通过对伤口面积的准确测量完成临床上对病人伤势严重程度及康复程度的评价。其中辅助微型测距装置为展示实物产品,伤口面积测量软件(已申请软件著作权)为演示软件。辅助微型测距装置不仅可以用于伤口面积的测量,也可广泛用于其他医学图像类问题中。医学图像能够完整、直观地反映病人的病理状态及损伤、病症部位。目前在医学图像处理中,使用目测或者用直接测量工具测量。这类方法容易对患者的伤势及病症造成二次伤害,且测量不准确,辅助微型测距装置能够利用超声波发射及接收原理准确完成电子设备至采样图像的距离的测量,将拍摄距离用于医学图像面积计算、医学模型构建等问题中。此移动电源电路部分包括核心运算部分及内置电源部分。核心运算部分由超声波测距离模块、蓝牙模块等组成。超声波目前广泛用于医学图像学,不会对人体造成副作用且环保,利用率高。蓝牙模块可将测量数据传送到电子设备端的应用软件中,用于后续的图像处理,数据传输稳定、速度快。

作品背后的故事:

作品创作的目的是在临床诊断中,能够通过间接测量的方法测量伤口面积这一伤势严重程度的评价指标,进而诊断一些容易引发伤口的疾病,同时也可以将伤口图像作为病人病历的一部分保存下来。在日常生活中,普通人群能够通过安装在手机上的伤口面积测量软件完成伤口的测量,对于有慢性、难愈性创伤的人群可以减少去医院就诊的次数,缓解就医、挂号难的问题。本项目的团队成员均来自生命学院生物医学工程专业,熟悉医学图像处理类相关课程并对临床医学及医学仪器设计有一定程度的了解。指导教师乔爱科教授和杨琳老师在医学图像处理方向有过深入的研究经验。制作硬件的过程中遇到过电路调试无法完成对拍摄距离准确测量的问题,在指导老师和实验室师兄、师姐的悉心帮助下,我们多次设计电路,不断改善电路的排布方式,通过多次调试电路,将硬件的功能完善到最佳,并用 CAD 软件绘制包装外壳图,制作了外壳。在这次伤口面积测量系统的完成过程中,我们运用三年来所学的软件编程、图像处理、电路设计分析等知识完成了软件的编程及硬件的制作。同时也体会到了团队凝聚力的重要性,只有我们一起钻研才能思考出最佳的制作方案,不断改进测量系统以达到最好的伤口面积测量效果。

设计人：张心苑（11101113）、王静（11101118）、赵强（11101106）

作品图片：

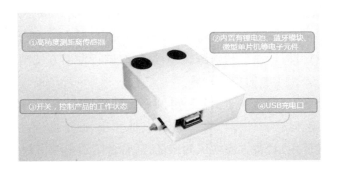

4.35 一种圆形旋转式可充电吹风机

所在学院：建筑与城市规划学院

作品名称：一种圆形旋转式可充电吹风机

指导教师：黄赛

展品编号：2014 - ECAST - 058

作品摘要：

一种圆形旋转式仿生充电吹风机，属于家用小电器技术领域。本实用新型包括外壳、吹风体、中心轴、充电线。其中：外壳与吹风体通过中心轴连接，吹风体可沿中心轴旋转收入外壳中；使用开关位于中心轴正面上、充电口位于中心轴底面上、外壳外侧有一空心槽。所述的空心槽用于放置充电线,充电线可连接在充电口上。一端为可接 USB 线的双头插头,一端为 USB 插头。

作品原理及特点:

本实用新型涉及一种圆形旋转式仿生可充电吹风机,该吹风装置采用圆形嵌套式结构,手柄与外壳一体,可旋转收缩,可充电,体积小便于携带、方便手握,结构革新,打开时阶段形状仿海螺形,适合在旅行等不方便携带或充电的情况下使用,属于家用小电器技术领域。

本实用新型的目的就在于提供一种圆形旋转式仿生可充电吹风机,该装置采用新型圆形旋转结构,外壳与吹风体套嵌,体积小、便于携带,快速使用,便于充电,也可无线使用,具备方便吹风的特征,适合各阶层出差白领及旅游人群。

作品背后的故事:

创意灵感来源于仿生学理念,开启时的阶段性状态形似海螺,美观大方,简洁有趣。

其系列化、整体式的设计理念,未来可依据人机工程学和相关国家标准而确定的尺寸比例,开发出不同配色的系列产品,从而消费者不仅可根据自身的喜好,选择不同颜色的产品;而且也能同时满足年轻人群需求多样化、新鲜感等方面的需求。

设计人:巩怡菲(12122211)

作品图片:

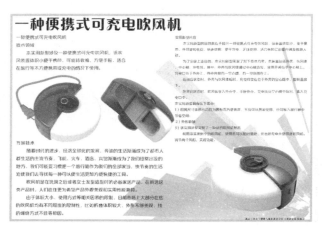

4.36　盲人象棋

所在学院:建筑与城市规划学院

作品名称:盲人象棋

指导教师:曲延瑞

展品编号:2014 – ECAST – 059

作品摘要:

采用木质材料进行加工,符合盲人需求进行设计,轨道式棋盘,人性化设计。盲人也可以玩的象棋!

作品原理及特点:

1. 采用轨道式的棋盘,打破传统的平面式棋盘和立体棋子的模式;2. 轨道采用经典的米字格,继承了象棋中讲究战略和虚拟模拟的精髓,并且所有的棋子都可以按照轨道来回滑行行走;3. 棋子的落点相比于整个棋盘的平面相对弧形下沉,弧度与棋子的弧度完美贴合,使得棋子在每一个落点都能稳定的镶嵌在棋盘中;4. 每到一个落点棋子就会下沉一个小的弧度,使得下棋者可以准确地明了自己所走的方向和步数;5. 棋子每到一个落点因为随着弧度相对下沉的原因,会发出清脆的"咯噔"的声响,能使下棋者很好地控制自己的棋子;6. 棋子的设计一改往日的立体造型,采用半球形棋子和圆柱形的轨道滑行装置相结合;7. 棋子的表是平面式的设计,黑白双方分别采取凹凸的盲文雕刻来识别;8. 整个棋盘装置和棋子都采用木质材料,体现回归自然的本色的设计理念;9. 棋盘的黑白格用深棕红色和木质本色加以区分,使得整个棋盘集成国际象棋中黑白格的模式和传统,又打破了单调的黑白色彩,加入木头的颜色。

作品背后的故事:

在设计过程中,为了避免盲人会遇到的困难,我们进行了多次设计并且有多套方案,最终一一筛选并且确定最终方案。在这之中会有意见分歧,材料局限性,技术难度等问题,但是最后我们齐心协力克服困难,完成了从概念到成品的飞跃。我们知道好的设计一定从人群的实际需要出发才有意义,也只有这样才可以避免好多弯路。我们把理论付诸实践锻炼了建模的水平。当成品做出来那一刹那,我们由衷地高兴。而这种高兴是不能用分数衡量的,因为这之中包含的种种疑虑,汗水,辛苦,快乐时无法量化的。

设计人:师歌(12144110)、刘思维(12612102)、白小荷(12612126)

作品图片:

4.37　简约休闲工作椅

所在学院:建筑与城市规划学院

作品名称:简约休闲工作椅

指导教师:刘凯威

展品编号:2014 – ECAST – 060

作品摘要:

整体设计为简约风,但是每一个细节都符合人体工程学,所以在使用时是十分舒适、得体的。在后方设计了三角的支点,使整个构架更加稳定、优美。在椅子下方留有大量空间,放杂物、安置小动物也是非常好的选择。

作品原理及特点:

创作之初是想为了上班族设计的一款座椅,为了方便放在办公室中,整体设计十分简约,也方便量产,但是每一个细节都符合人体工程学,所以在使用时是十分舒适、得体的。为了使结构更加稳定、优美,想了很多办法,最后决定在后方设计了三角的支点。在椅子的下方也留有了大量的空间,放杂物、安置小动物也是非常好的选择。

作品背后的故事：

创作的目的是想为了上班族设计的一款座椅，为了方便放在办公室中，整体设计十分简约，也方便量产，但是每一个细节都符合人体工程学，所以在使用时是十分舒适、得体的。为了使机构达到稳定、优美的目的，想了很多办法，例如在后方配重，或增加曲线来获得后方的稳定使椅子不至于向前或向后倾倒，最后决定在后方设计了三角的支点，简单大方的设计，却能更好地达到想要的效果。为了使椅子有更大的用途，在椅子的下方也留有了大量的空间，放杂物、安置小动物也是非常好的选择。

经过这次设计，对工业设计有了更深切的了解和体会，也更加了解了人体工程学，让自己有了更好的提高。

设计人：苏欣悦（12122210）

作品图片：

4.38　给建筑师的座椅

所在学院：建筑与城市规划学院

作品名称：给建筑师的座椅

指导教师：刘凯威

展品编号：2014 – ECAST – 061

作品摘要：

这是一把专为建筑师设计的座椅。建筑师需要长期绘制手绘图，身体长时间保持前倾伏案的姿势，这会使设计师的腿部感到疲惫不堪，对腰椎有压迫。最近网上流传了建筑设计师们千姿百态的睡姿，有的趴在桌子上，有的直接仰靠在椅子上，等等，这些姿势都是不健康的，往往达不到缓解疲惫的效果，反而会增加疲劳感。这促使了这把椅子的诞生。

作品原理及特点：

作品灵感来源有两点：1. 建筑师需要长期绘图，普通座椅不再适合。2. 建筑师经常刷夜，其间睡姿不科学不舒适，甚至压迫神经。

作品原理和创新点：首先，为长期绘图的建筑师设计了一个最舒适的绘图姿势，推翻了传统座椅的水平座模式，大胆采用下倾 15 度座；并且设置了固定腰椎的装置，使腰椎保持健康姿势；而且通过测量 20～35 岁人群的身体尺寸，得出了一系列比例尺寸，使椅子符合人机工程学。其次，椅子不止具有绘图一个功能，人为地稍加改变就可以为建筑师提供一个休息的最简场所，能够为其提供最大的舒适度。

作品背后的故事：

这把椅子就是为了特定人群而诞生的，我的身边有一群正在为成为建筑师而努力着的朋友，通过接触我发现他们的绘图工作量极大，人很疲惫。再加上网上流传的建筑师在刷夜绘图时各种疲劳的睡姿，促使我把眼光聚焦在建筑师身上。我此次设计缩小了针对人群，让椅子更适合建筑师使用，这是我对我身边的建筑师群体的力所能及的关爱。我发现当我关注于很小的一个问题的时候，往往会做出最具针对性的改变，类似于具体问题具体分析，目的明确使这把椅子达到了最好的效果。

设计人：王昱（12122209）

作品图片：

4.39 老年人助起座椅

所在学院:建筑与城市规划学院

作品名称:老年人助起座椅

指导教师:刘恺威

展品编号:2014 – ECAST – 062

作品摘要:

根据人机工程学设计的一款帮助老年人起坐的座椅,与实际比例为1∶5。

作品原理及特点:

本款座椅长58cm、宽50cm、高110cm,以老年人为设计对象,同时也适用于起坐不方便的人。主要在椅座上进行了改动,设计成可翻动的椅座。坐下时,可以扶着扶手前端坐下,椅座会慢慢落下。起来时,重心前移,大腿稍向下压,椅座便会向前翻,给人站起来的助力。扶手随座椅翻动,所以起坐时可一直扶着扶手,防止因没有站稳而摔倒。

设计人:吴丹(12122105)

作品图片:

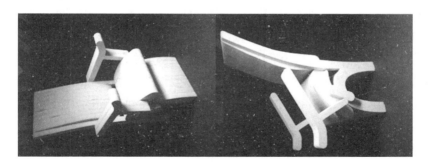

4.40 基于树莓派的视频监控机器人

所在学院:实验学院

作品名称:基于树莓派的视频监控机器人

指导教师：范青武

展品编号：2014 – ECAST –070

作品摘要：

以树莓派为控制核心，采用 CDS5516 舵机和多种传感器实现机器人设计。用户可通过网页对机器人进行远程控制，并通过机器人获取家庭各个角落的视频信息，机器人所具备的传感器也可提供家庭各处的温度、湿度及烟雾浓度等状态。

作品原理及特点：

本设计为一款可远程控制的四轮驱动视频监控机器人。设计的核心采用树莓派，通过对串口的操作及 Python 程序的调用控制 CDS5516 机器人舵机，为机器人提供动力。通过视频监控软件 MJPG – Streamer 获取 USB 摄像头的视频信息，利用 GPIO 和 I2C 的操作获得多种传感器的数据，并最终将所获得的内容通过 WebIOPi 发布到网络。用户可通过 Wi – Fi 登录到机器人的前台控制页面对其进行远程控制，机器人收到用户命令后，调用后台相关程序执行相关等操作，并将所捕获的视频信息，连同温度、湿度及烟雾信息通过前台页面反馈给用户。

作品背后的故事：

设计过程中主要遇到的困难就是在利用树莓派控制 CDS5516 方面。这里面用到了 Python 编程，串口操作，以及硬件环境的搭建。利用 USB – TTL 模块及串口调试软件可实现对串口输出数据的监测。通过对串口数据的检测可得出树莓派的串口操作方法，在利用实验室的稳压电源为舵机供电，分析官方文档中电路的作用，并按照指示的信息连接好电路，便可控制舵机。根据舵机手册中对数据协议的分析，便可掌握操作舵机的方法，并以此实现机器人的主要控制。

设计人：王锐（10570203）、李佳明（12521114）、刘嵩（11521318）

作品图片：

4.41　基于体感技术和云计算的新型文件传输系统

所在学院：实验学院

作品名称：基于体感技术和云计算的新型文件传输系统

指导教师：黄静

展品编号：2014 – ECAST –071

作品摘要：

本作品是一款利用人体的肢体语言来操控的文件传输系统，实现了文件传输及常见的文件操作。本系统界面友好，操作方便，交互性强，能带给用户新奇的使用体验，具有一定的创新性和应用价值。

作品原理及特点：

它的主要功能为通过特定的肢体动作进入到用户个人的网络云空间中进行文件的上传和下载等操作。该作品适用于从家庭、学校到办公地点等各种场景，用户不必再使用 U 盘来存放需要携带的文件，只需站在 Kinect 体感摄像头前挥动手臂，就能轻松存放和获取云端的文件。本作品使用的体感技术基于微软发布的 Kinect 体感摄像机。它的创新性在于将人机交互从二维世界拓展到三维空间，实现了非接触的交互体验（Touch – Free NUI）。不需要借助鼠标、键盘,也不需要像 Wii 一样手握控制器,计算机就能够通过 Kinect 识别出使用者的需求,完成人对机器的操控。本作品的另一创新之处在于引入了云计算技术中的一个分支功能——云存储。

作品背后的故事:

作品的灵感来源于一次在网络上看到的关于网络云时代到来的宣传视频,视频中提到了用户数据触手可得这样一个概念,由此萌生了我想要利用体感技术与云存储技术结合,真正地实现让用户的文件资料触手可得。作品的创作目的是希望可以通过这种创新的操作方式简便人们的日常出行,生活及办公。我为我的作品起了一个新颖的名字,叫作"Touch the Cloud 触摸云端"。我希望用户在使用我的作品时可以体验到一种新型的更加自然的人机交互方式,使人与机器的交流更加亲近。资料的上传、查看、下载与删除,尽在掌中,尽情地挥动双手让用户享受到触摸云端的感觉。

设计人:宁美馨(10570212)

作品图片:

4.42　基于移动终端的道路信息采集与识别系统

所在学院：实验学院

作品名称：基于移动终端的道路信息采集与识别系统

指导教师：郑鲲

展品编号：2014－ECAST－072

作品摘要：

道路信息采集与识别系统可运行于 Windows 平台和 Android 平台。主要功能包括对行人和车辆的实时检测，OCR 路牌识别，TTS 语音播报。

作品原理及特点：

作品的优化参数及比例模型由 Matlab 仿真测试得到。

Windows 版引入多线程和帧缓存技术，保证视频实时处理的流畅性。考虑驾驶员在行车过程中频繁注意屏幕会增加额外的驾驶风险，故安卓版道路信息采集与识别系统引入 TTS 模块。考虑行车过程中道路两旁的信息牌包含重要的信息资源，驾驶员可能会因车速过快或注意力不集中而遗漏重要信息造成事故，故安卓版道路信息采集与识别系统引入 Tesserect 库，考虑 OpenCV 代码主要以 C/C＋＋语言为主，故使用 JNI 和 Android Native Glue 技术，使构建在安卓平台上的道路信息采集与识别系统可以直接运行 C/C＋＋代码。

作品背后的故事：

作品设计目的是在用户已有的移动终端上构建辅助驾驶系统，既可以为移动终端带来产品附加值又可以填补中低端汽车市场空白，降低交通事故的发生率。

由于行人检测具有背景和动作的不确定性，寻找一种鲁棒性好的算法成为作品的难度，经过大量文献的阅读，N. Dalal 和 B. Triggs 两位研究员提出的 HOG 算法适合本作品。

其次，由于需要探求基于 HOG 算法的适用于本作品的参数和比例模型，故进行了 800 组实验测试，由于全部工作由一人完成，故而深刻体会到团队合作的重要性。

再次，将 OpenCV 移植到 Android 平台上，可找到的 Demo 和文档很少，最终通过 OpenCV 官方文档和自带的 Sample 解决了这个问题。

最后,在没有相关文档支持的情况下,通过对自述文件和块注释的学习,摸索出 Tesseract 库、CvSVM 类、OLT 工具包的使用方法,完整阅读的 OpenCV 中基于 CPU 的 HOG 算法源代码并将此移植到 Matlab,得到适合本作品的优化参数和比例模型。

设计人:王文芃(10570120)

作品图片:

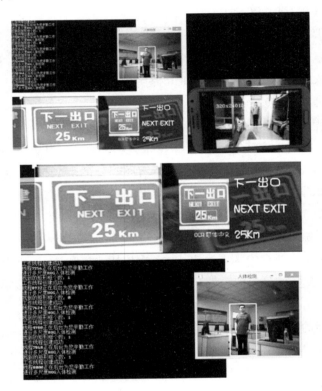

4.43　基于移动终端的校园导航系统

所在学院:实验学院

作品名称:基于移动终端的校园导航系统

指导教师:郑鲲

展品编号：2014 – ECAST – 073

作品摘要：

基于 Android 移动终端的校园导航系统实现了上三大功能：一是北京工业大学实验学院校园信息导航；二是校园地理位置导航；三是校园教务管理功能。界面友好，操作便捷。经过测试，可以稳定运行在版本 2.3 以上的安卓移动终端上。

作品原理及特点：

具体包含有查询校园新闻、查询学校联系信息，教务、联网、图书馆网上登录，驾车、公交、步行的路线查询，公交车的线路查询，定位查询等功能，界面友好，操作便捷。经过测试，可以应用在版本 2.3 以上的安卓移动终端上，满足特定使用者对校园信息的需求。本系统可以将学生认识学校的时间提前，提升他们对校园生活、学习方面的认知，实际节省印刷环节的费用。系统通过对信息的整合，可以为非新生提供方便大学生进入内网，成绩查询，图书馆信息的便捷入口。地理信息定位中定位运用了 GPS 和 LBS 的双重定位方法。系统实现的教务管理功能主要是运用了 RFID 技术。本系统为教务管理提出了利用射频识别技术记录考勤的新方法，可以做到管理过程无纸化，降低教务管理部门的工作量。

作品背后的故事：

本项目是个人毕业设计作品，独立完成。其中自学 Android 开发是本项目的基础，由于作者本身从未接触过 Android 终端开发，通过本软件的制作也收获了很多。通过对基于 Android 平台的校园导航系统设计和实现，向使用者展示了在开发一个基于移动终端的软件的思路和方法；提供了一些地图、定位的开发方法，和数据库的使用方式；同时也提出了为改良现今的考勤管理的方法，利用射频识别技术的管理方式，即本系统中的考勤管理功能。软件开发中还注重 UI 设计，所有图片均为通过图像处理，力求软件界面风格一致，提高了用户的体验感觉。

设计人：张宇婷（10570208）

作品图片：

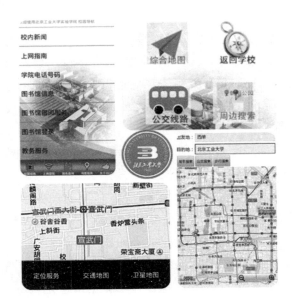

4.44 手工艺与工业设计手段结合的民族乐器设计

所在学院：艺术设计学院

作品名称：手工艺与工业设计手段结合的民族乐器设计

指导教师：林晓雅、贾荣建、王凡

展品编号：2014 – ECAST – 077

作品摘要：

阮，又名阮咸，是中国传统的弹拨乐器。由于诸多元素，阮逐渐退化，渐渐退出历史舞台。本设计主要从两方面展开设计实验过程：一是复兴中国传统民乐器造型特点的阮琴设计研究；二是在尊重传统民族乐器的基础上，应用现代技术手段，研究传统造型艺术形态的再现及转换形式以及衍生的相关系列产品设计。

作品原理及特点：

本文基于"发现传统，再造时尚"的基本理念，旨在运用工业设计理论和系统研究方法，综合工艺美术学、形态学、人体工程学、民乐制作等学科知识，设计探讨传统造型艺术在现代中国民族乐器设计中的应用。漆艺应用的引入是现在国内的首创,形态方式的转换也预计申请专利。作为传统文化的传承,也是体现时代的载体,是对科技发展的回馈。

作品背后的故事:

现代工业设计的手段及研究方法也作用于传统造型的使用和转化。两者相互作用,相互补充,有力论证了传统手工艺与现代工业手段相结合的民族乐器设计是有巨大可能性的。工业设计提供了巨大的经济效益和便利生活的同时也造成莫大浪费与污染;提供廉价的"一次性"的同时也造成了"修补"思想的遗失;提供批量生产,均等统一的同时也去除"有个性"的事物。对待事物的这种态度导致对待人也如此,文化和生活消失的多个同时,工业设计师整合两者的关系尤为重要。在技术不断发展的时刻,也应该秉承传统手工艺人的哲学思想,即了解素材特性,磨炼自身技艺,做出好的东西。本文以传统工艺与现代工业设计手段结合的阮设计为例,立足传统与时尚的关系,解析传统工艺在现代工业中的应用方法和设计理念,力求寻找将传统技艺,理念植入到现代工业设计中新的方向。

设计人:崔向前(S201435005)

作品图片:

4.45　《追"傩"》

所在学院：艺术设计学院

作品名称：《追"傩"》

指导教师：吴伟和

展品编号：2014 – ECAST – 078

作品摘要：

《追"傩"》这部作品选用崭新的交互媒体形式向用户展现。作品分为裸眼和非裸眼两部分，非裸眼部分通过 flash 实现，便于动画效果的实现和表达，增强趣味性；作品的重点和最具创新性的部分是采用裸眼 3D 与 KINECT 相结合，使用户置身于三维空间，体验一场"傩面"盛宴。

作品原理及特点：

创作背景：随着数字技术的发展，交互媒体设计作为艺术与技术相结合的产物正以飞快的速度潜移默化地影响着人们的生活。本课题以傩文化中最具代表性也最为古朴和原始的"傩面具"为研究主题，研究范畴属于交互媒体设计中的体感交互设计。目标是通过生动有趣的用户体验，对傩文化知识进行宣传和普及。

创新点：《追"傩"》这部作品选用崭新的交互媒体形式向用户展现。作品分为裸眼和非裸眼两部分，非裸眼部分通过 flash 实现，便于动画效果的实现和表达，增强趣味性；作品的重点和最具创新性的部分是采用裸眼 3D 与 KINECT 相结合，使用户置身于三维空间，体验一场"傩面"盛宴。

作品背后的故事：

通过对交互媒体设计《追"傩"》中的非裸眼部分进行用户体验研究，我一方面体会到了做交互设计要着眼于每一个细节，只有这样才使得人们能够轻松、趣味地完成整个交互体验；另一方面，我也深刻地感受到，作为一名设计工作者，绝对不能满足于已掌握的技术和艺术成果，要勇于尝试，大胆创新，不断拓展新的领域。让自己永远拥有一颗创新的大脑。在《追"傩"》这部作品中，我们从不懂到应用，从遇到困难到解决困难，从完成任务到优化设计，所有的经历都是我们日后宝贵的财富，也让我更加深刻地认识到了团队合作的重要性。

设计人：戚乐（10160211）、金国志（10160519）

作品图片:

4.46 瞬

所在学院:艺术设计学院

作品名称:瞬

指导教师:吴伟和

展品编号:2014 – ECAST – 076

作品摘要:

《瞬》,是一件异形投影互动装置作品,它的造型由九百多个小球组成,作品内容为异形投影动画和体感交互动画。营造了一种五彩斑斓,如梦如幻的气氛,阐述了人的生命与永恒的宇宙相比只是短暂的一瞬,继而让人产生积极向上的生活态度。

作品原理及特点:

先搭架子串球固定位置设计装置造型,保证每个球都不被遮挡,然后在PS中逐个描点,再通过AE、Flash等软件设计配音动画,并结合Kinect捕捉人的手势动作制作交互动画。本次作品我们弥补了以往异形投影装置造型的不足,另辟蹊径不再以单独个体为被投影对象,而使用多球体为投影面。动画的设计也剑走偏锋运用Flash实现描点动画和交互动画,实现二维与三维之间,虚与实之间自然的交错转换,让作品极具空间感和层次感。内容上也体现了对都市人群的人文关怀和心理疏导,具有积极意义。

作品背后的故事:

从装置上来说,作为最基础的几何形体,立方体与圆球不仅外形简约,也表达了"天圆地方"概念。从动画上来说,我们的作品模拟了许多自然界的动态,来传达生命既绚丽又短暂的特质,让观者产生心灵共鸣,在欣赏作品的同时感受到生命的瞬息万变,体会到生命的转瞬即逝,领悟到珍爱生命的重要性。创作体会:优质高效的完成作品创作给了我很大的信心,让我了解异形投影的知识的同时,也看到了本专业的发展空间。不得不提的是,作品还存在一些问题,尤其是在动画设计的后阶段,装置的造型和投影仪的性能,在一定程度上限制了我们的发挥,这些问题未能解决是让我感到有点遗憾的,不过有问题就说明异形投影装置动画还有很多可能性等着我们去发掘。希望得到改造后的异形投影装置能为人所知,并在各种展馆中更好地得到使用,以更好的效果展现在人们面前。

设计人:张文丽(S201435012)、史士彦(10160318)

作品图片:

4.47　OUTSTANDING 皮筋车

所在学院:艺术设计学院

作品名称:OUTSTANDING 皮筋车

指导教师:李建

作品摘要:

作品最大的特点是轻,采用 3D 打印技术,实现仿生骨架的新兴理念,其结构的质轻且稳定保障了领先于其他车队的竞技速度。

作品原理及特点：

OUTSTANDING 皮筋车车身采用3D打印技术完成,形态灵感来源于仿生设计。全车形态优美,结构创新,3D打印光敏树脂更加减轻了车身重量,速度非凡。

设计人：崔强（11160212） 熊子欣（11160819） 杨恒（11161105） 郑雨婷（11160617）

作品图片：

4.48 激光彩色打标样品

所在学院：激光工程研究院

作品名称：激光彩色打标样品

指导教师：陈继民

展品编号：2014 – ECAST – 080

作品摘要：

传统激光打标技术只能在金属上打出单色痕迹,美观性差。我们采用最新数字技术,调整工艺参数,打造激光标刻新概念！激光打标告别单色时代！激光标记从此不再单调！

作品原理及特点：

激光在金属上彩色打标产生已有十几年,然而这项技术在这段时间内并没有像其他激光打标技术一样得到广泛的应用,造成这一现实的原因是这项技术受复杂的工艺要求,材料的适用性要求和激光器性能要求的限制。但是它有巨大的潜力市场。

金属打标所显出的色彩通常被认为是由于表面生成金属氧化膜引起的。另外,通过其他的方法也可以在金属上得到多种颜色。通常的方法是阳极镀层、电子束沉积、电化学方法和其他加热方法。激光方法区别于其他方法的是，一般环境下就能够在金属表面上指定的区域内加工出颜色，而且可以通过适当的工艺和设计，获得丰富多彩的图案，这给予了彩色打标更多的灵活性和创造性。

作品背后的故事：

本项目的工作是在导师陈继民教授的悉心指导下完成的。团队成员既有激光院的同学也有建工、艺术院的同学，他们的艺术设计以及三维模型建模给予了我们很大的帮助，使打标作品美观时尚。在打标作品制作的过程中，遇到了各种各样的问题，例如激光器的维修，金属样板的更换，等等，但在团队成员的帮助下都顺利地解决了。

通过这次的作品制作，深深体会到了自己动手的乐趣。把所学到的激光加工的知识应用到实际中去，既加深了对所学知识的掌握，又锻炼了团队成员的动手能力。

设计人：方浩博（S201313007）、范正坤（S201313042）、朱赞（S201313041）、黄毓娜（S201313043）

作品图片：

4.49　快速 3D 打印展示

所在学院:激光工程研究院
作品名称:快速 3D 打印展示
指导教师:陈继民
展品编号:2014 - ECAST - 081
作品摘要:

3D 打印,即快速成型技术的一种,它是一种以数字模型文件为基础,运用粉末状金属或塑料等可黏合材料,通过逐层打印的方式来构造物体的技术。

本作品展示的是面曝光快速成型技术,面曝光快速成型技术相比于传统的扫描成型技术具有成型时间短,成本低等优点。

作品原理及特点:

光固化法(SL)是现有快速成形技术中精度最高、表面质量最好的技术。根据固化方式不同,光固化技术又可分为矢量扫描法和面曝光法。面曝光快速成形技术制作速度快、成本低的特点,使其具有很大的发展潜力。该成型方法的优点是能以可见光作为光源,系统成本低;整层树脂一次曝光,制作时间短,制作成本低。高分辨率视图发生器的设计与实现是面曝光法快速成形技术的关键技术之一。

本作品展示的是基于光固化的 3D 打印技术,采用光敏树脂(聚丙烯酸酯)为原料,紫外光在工控机的控制下根据零件的分层截面信息,在光敏树脂等相应材料的液面进行面曝光,被曝光区域的树脂经过光聚合反应而固化,形成零件的一个分层截面,一层固化好后工作平台下降一个分层厚的距离,以便在先前固化好的零件分层截面是重新涂抹一层新的液态树脂,然后工控机控制紫外光再曝光下一分层截面,层与层之间也因此而紧密连接在一起没有缝隙。如此反复直至整个零件成型。

作品背后的故事:

本作品的创作启发是一个有趣的故事。我们团队成员有一人牙齿不好,经常需要补牙。后来经过了解,补牙所用的光敏树脂可以应用于 3D 打印技术中,于是就萌发了做一台光固化的快速成型设备。本项目的工作是在导师陈继民教授的悉心指导下完成的,在制作过程中,得到了陈老师的大力支持以及技术上的指导。同时也感谢激光院的各位老师与同学的帮助与支持。

设计人:黄宽(S201313006)、方浩博(S201313007)、王英豪(S201313017)、黄毓娜(S201313043)

作品图片:

4.50 大规模人群散场仿真系统

所在学院:城市交通学院

作品名称:大规模人群散场仿真系统

指导教师:张勇

展品编号:2014 – ECAST – 090

作品摘要:

人群运动仿真在工业、娱乐等多个领域前景广阔,本系统面向场馆的人群散场过程,分析人群运动特点,研究人群运动模型,以实现人群的真实感运动;针对大规模人群绘制所带来的几何复杂度,研究人群的实时混合绘制方法,保证人群仿真系统的运行效率。

作品原理及特点:

原理:大规模人群散场仿真系统运用 OSG 技术,导入场馆的模型,每个人有一个初始位置,当散场开始时,每个人根据自己的位置,确定从哪个出口走出场馆,然后根据周围人的密度,以及地形情况动态地计算人的速度,得到人的速度之后,再计算人的下一个位置,在人的移动过程中,人还可以为了避免碰到障碍物而动态地决定速度的方向。场馆的地形信息是通过将地形离散化为方格得到的。

创新点:本项目用到了一种基于全局导航场与局部碰撞避免的方法引导人群运动,导航场能够引导人群按最优路径到达目标位置;局部碰撞避免则是通过影响人群移动速度的密度场和障碍提供的避让矢量场综合作用实现。

作品背后的故事:

本设计运用人群仿真技术,模拟演出结束后剧场的人群散场情况,剧场的设计人员可以根据仿真的情况来分析自己的设计是否合理,以及验证自己的设计思路。这种仿真的方法具有直观、灵活、高效、经济和无人员安全风险等诸多优点。在制作过程中,我们在人的避障方法和计算的速度这两个地方出的问题较多,经过多次调试,以及查找相关资料,最终解决的这些问题。通过这个项目同学们的实际动手能力得到锻炼,增强了同学们的意志品质,在面对困难时主动迎接挑战,积极寻找解决问题的方法,这在以后的科研活动中是不可或缺的,与此同时这次项目也是一次灵活运在用书本上学到的知识的一次机会。

设计人:王笑天(S201207031)、张涛(S201307039)、沈伯伟(10521102)
作品图片:

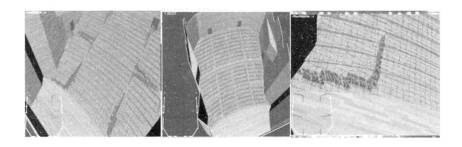

4.51 面向ETC用户定制化的高速公路信息服务系统

所在学院:城市交通学院
作品名称:面向ETC用户定制化的高速公路信息服务系统
指导教师:翁剑成

展品编号:2014 - ECAST - 087

作品摘要:

作品基于 ETC 交易数据,以 ETC 用户为主要服务对象,通过 ETC 数据的采集、处理与预测模型的构建,研发了一款面向 ETC 用户定制化的高速公路信息服务软件。该软件集路况服务、手机拼车、停车助手、个人信息功能于一体,实现多项信息服务。

作品原理及特点:

作品原理:基于 ETC 交易数据的高速路段行程速度模型计算;建立了基于多 OD(起讫点)对 ETC 数据的高速公路路段行程速度计算模型;收费站延误时间预测:设计在匝道入口处增设路侧单元。车辆驶过时间为 T1,通过高速公路收费站时间为 T2,两者时间差即为 ETC 车辆因受到人工收费车辆拥堵影响而在收费站区排队损失的时间;基于 ETC 定制用户的拼车管理流程:通过 ETC 交易数据及用户习惯推荐相似拼车用户。

创新点:软件结构创新:实现集高速信息查询、手机拼车、停车助手、个人信息管理功能为一体的面向 ETC 用户定制化的服务软件;信息采集方法创新:基于 ETC 交易数据的路况采集方法,弥补现有高速公路信息采集方式功能不足的缺点;服务手段创新:为 ETC 用户提供增值服务。强调定制化推送信息和车友共享路况信息。

作品背后的故事:

在作品制作过程中我们遇到了基础数据处理、预测模型的建立以及实现哪些软件内容与采用何种展现形式等诸多问题。为解决这些问题,在每周的例会上我们会邀请老师参加,为我们把握大方向,团队成员集思广益,最终采取合理的可行的解决方案。作品的完成以及成绩的取得和小组组员之间的通力合作、互相鼓励支持、彼此信任是分不开的。在创作过程中有许多次想要放弃的念头,有许多次否定自己的沮丧,还有太多次为作品的争吵,但这些都没有阻挡我们前进的脚步。不服输、不放弃让我们有了现在的作品。

设计人:袁荣亮(S201304150)、王玲玲(11046115)、邸小建(11046111)、毛永朋(11070311)、魏磊(12043112)、陈志雄(12046126)

作品图片：

4.52　生态驾驶行为动态评估及矫正系统

所在学院：城市交通学院

作品名称：生态驾驶行为动态评估及矫正系统

指导教师：赵晓华

展品编号：2014 – ECAST – 088

作品摘要：

开发了基于移动终端、具备云服务功能的生态驾驶行为车载装置,实现驾驶过程中非生态驾驶行为的实时语音提示,驾驶结束后输出评价报告,并可对驾驶人驾驶行为的节能减排特性进行综合评分和排名。

作品原理及特点：

基于驾驶模拟实验平台进行大量实验测试,建立驾驶行为和能耗排放的关系,确定驾驶行为能耗排放特征判别方法。结合 UDP 通信技术和 Java 编程语言,开发生态驾驶行为动态评估和矫正系统,实现驾驶过程中非生态驾驶行为的实时语音提示,驾驶结束后输出评价报告。基于车辆 OBD 数据接口,通过蓝牙技术实现车辆运行数据与上位机软件的传输,开发了基于移动终端、具备云服务功能的车载装置。

研究以驾驶模拟技术为基础,定量分析驾驶行为与车辆能耗排放之间的关系;实现对驾驶人动态与静态相结合的综合信息反馈,有效地促使驾驶人提升生态驾驶行为操作能力;基于车辆 OBD 数据接口,开发基于移动终端、具备云服务功能的生态驾驶行为车载装置,具有成本低、实时、便捷的特点。

作品背后的故事:

机动车尾气排放是造成城市空气污染的重要原因之一。据此,计划开发一套生态驾驶行为评估和矫正装置。确定目标后,开始组建科研团队。交通学院的学生负责设计总体框架、思路、功能等,软件和电控的学生负责软件程序的开发和硬件设备的调试,数理学院的学生则负责实验数据的处理。

作品创作过程中主要遇到了一系列技术问题。针对每一难点,采取资料查阅、调研请教、共同讨论和实验测试等多种手段相结合的方式。最终,每一难点的解决办法均体现了作品的创新之处。科技作品创作是勇于探索和尝试的过程,需要敢于失败的勇气和坚忍不拔的决心。团队中大家既分工明确又相互配合,优势互补的特点和包容合作的精神是保证作品顺利完成的关键。

设计人:伍毅平(B201304049)、涂强(11046101)、夏张辉(11046125)、宋伯男(11080020)、吴陈铭(11090223)、石宇航(11061124)

作品图片:

4.53　氨雾复合吸附剂

所在学院:环境工程产学研联合培养研究生基地

作品名称:氨雾复合吸附剂

指导教师:李坚、梁文俊

展品编号:2014 – ECAST – 099

作品摘要：

该氨雾吸附剂为黄褐色或粉红色球形固体颗粒，主要成分为腐殖土、膨润土及添加剂。与氨雾发生化学反应，生成一种无毒无害可作为肥料的物质。该吸附剂可直接废弃，不会对土壤及环境造成危害。

作品原理及特点：

目前对于气态氨的治理方法多处于理论研究阶段，由于经济和实际情况等原因，在实际工程中并不可行，产生了研究与实际应用脱钩的现象，因此，研制高效、经济和可行性的除氨技术迫在眉睫。

该吸附剂是一种比表面积较大的固体颗粒，当被净化气体中的氨气扩散运动到达吸附剂表面吸附立场时，便被固定在其表面上，然后与其中活性组分发生化学反应，生成一种新的中性盐物质而储存于吸附剂结构中。

该吸附剂选用了来源广、价格低的腐殖土、膨润土作为原材料，选用的活性组分可以与氨气反应生成一种稳定、环保、无毒的物质，这就使该吸附剂具有了价格低廉、高效、绿色环保、可作肥料等特点。

作品背后的故事：

在作品的创作过程中，我们遇到的问题很多，如吸附剂原料的筛选，如何将其成型，如何搭建固定床反应器进行性能的测试和原料的配比等。在指导老师的悉心指导和团队成员的努力下，通过查阅文献以及大家的合作我们一步步攻克了遇到的各种问题和困难，最终成功的制备出了廉价且吸附效果较好的盐酸雾吸附剂。通过这次创作，我们团队成员都受益匪浅，既培养了自己的科研能力，又增长了知识，为以后的学习以及科研奠定了良好的基础。同时也感谢我们的指导老师耐心的指导，在此过程中我们获益良多。同时也感谢学校以及学院的领导以及老师给我们这次学习机会，我们会继续努力，做出更好的成果，为社会的发展，祖国的建设增砖添瓦。

设计人：段世超（S201205089）、马幸（S201305070）

作品图片：

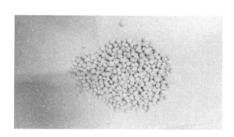

4.54　一种抗硫性能优越的低温 SCR 成型催化剂

所在学院:环境工程产学研联合培养研究生基地
作品名称:一种抗硫性能优越的低温 SCR 成型催化剂
指导教师:何洪、李坚、梁文俊
展品编号:2014 – ECAST – 100
作品摘要:

本作品在 2014 年"全国科技活动周暨北京科技周"中展出。本作品采用浸渍法制备蜂窝状催化剂,具有脱硝效率高,高活性温度区间大,抗硫性能优越等优点,现已成功应用于低温工业窑炉烟气处理。

作品原理及特点:

目前,氮氧化物的控制技术主要分为选择性催化还原(SCR)和选择性非催化还原(SNCR)技术。选择性催化还原技术作为比较成熟且高效的烟气脱硝技术已得到广泛的工业应用,是世界脱硝市场的主流技术。SCR 是通过向烟气中投入还原剂 NH_3,在催化剂的作用下,与 NO_x 发生氧化还原反应,生成 N_2 和 H_2O,实现烟气无害化的目的。商业催化剂活性温度区间大约在 300℃ ~ 400℃,而现在许多工业窑炉的尾气温度低于 300℃,这种烟气条件会导致催化剂活性偏低,催化剂中毒等问题;因此开发适合于去除 150℃ ~ 300℃ 烟气中 NO_x 的 SCR 催化剂具有良好的市场价值和深远的环保效益。本作品是以 V_2O_5 为活性成分的 SCR 催化剂,经过对物料捏合、陈腐、真空练泥等步骤后,最终成型为蜂窝状催化剂,在烟气温度为 180℃ ~ 300℃ 条件下保持 90% 以上的脱硝活性,同时具有良好的抗硫性,实现工业化生产。

作品背后的故事:

目前许多工业窑炉尾气温度低于 300℃,这种烟气条件会导致催化剂活性偏低,催化剂中毒等疑难问题,我们实验室针对这些难点积极探索,不断尝试新配方,添加新物质,长时间测试催化剂抗硫性能,检测催化剂寿命。我们团队在何洪教授、李坚教授带领下,组建于 2012 年 10 月,共同研究低温 SCR 催化剂抗硫性与成型配方。我们分工明确,相互协作。一部分人负责测试催化剂脱硝效率和研究催化剂成型最优配方,一些人负责研究催化剂机理和表征催化剂。实验过程中,我们遇到许多问题。比如测试过程中仪器出现故障,气体管路堵塞,催化剂成型出现故障,我们都逐一耐心解决。

　　设计人：梁全明（S201205076）、晁晶迪（S201205039）、宋丽云（B201105021）、宋芊千（S201305068）、张然（S201305039）

　　作品图片：

4.55　形状记忆聚合物智能内固定装置

所在学院:机械工程产学研联合培养研究生基地
作品名称:形状记忆聚合物智能内固定装置
指导教师:杨庆生
展品编号:2014 – ECAST – 092
作品摘要:

　　形状记忆聚合物智能卡紧装置,具体为一种通过温度控制实现定位、卡紧功能的一种内固定装置,以解决后施工过程中与卡内定位槽配套的定位装置不易进行定位和卡紧的问题,提供一种相对简单且成本较低的解决方法。

　　作品原理及特点:

　　形状记忆聚合物(SMP)是一种智能高分子材料,该材料制成的构件具有形状记忆效应,具体原理为其能够通过自身微观分子链的变化储存由于外载荷作用导致的应变,直观表现为能够使结构固定在变形形状的状态;同时在适当激励的作用下能够释放储存的应变,直观表现为恢复到固有(初始)形状。利用SMP 能够产生大应变以及具有形状记忆效应的特点,借鉴现有 SMP 智能卡扣结构设计实例,给出一种解决后施工过程中与卡内定位槽配套的定位装置不易进行定位和卡紧的问题的 SMP 内固定装置,其工作原理可以简要描述为:通过外激励实现一种形状到另外一种形状的转变。两种变形状态中,其中一种是临时变形状(也叫装配形状),另一种是初始状态(也叫设计形状),并且在外界环境不发生改变的情况下,处于两种状态的模型均能够长时间持续保持在各自状态。创新之处为,首先,通过温度实现热致 SMP 内固定装置的定位、卡紧功能,而非传统的机械式结构,进一步,通过有限元方法对智能构件的整个工作过程,即形状记忆过程进行了数值计算,为后续进行结构赶紧提供分析手段。

作品背后的故事:

为了解决后施工过程中与卡内定位槽配套的定位装置不易进行定位和卡紧的问题,采用热致形状记忆聚合物设计了一种智能内固定装置,并对其工作过程进行了数值仿真,应用受到一定的限制,团队成员充分发挥高低年级的优势,高年级同学相应的理论功底、视野较好,而低年级同学思维更活跃,充分发挥团队的作用。

设计人:时光辉(S201001001)、林晓虎(S201001002)、陶然(S201201025)
作品图片:

4.56 一种金属材料电偶腐蚀试验夹具装置

所在学院:机械工程产学研联合培养研究生基地
作品名称:一种金属材料电偶腐蚀试验夹具装置
指导教师:杨庆生、郭福
展品编号:2014 – ECAST – 093
作品摘要:

金属材料的电偶腐蚀试验是一种用于测定不同金属间的电偶腐蚀性质的

技术,准确地了解不同材料间的电偶腐蚀特性对于腐蚀防护和预防有重要意义。

作品原理及特点:

该夹具包括主夹具体和绝缘块一、绝缘块二、绝缘块三;主夹具体将绝缘块一、绝缘块二、绝缘块三压紧构成电偶腐蚀试验的夹具,所述主夹具体上有一个长方体凹槽,将三个绝缘块一字型排开放入所述的长方体凹槽内;所述主夹具体在放置绝缘块的长方体凹槽的底面有两个镂空的通孔,用于穿过两个试验试样;所述三个绝缘块横截面形状大小与主夹具体的长方体凹槽的横截面形状大小一样,绝缘块一、绝缘块二、绝缘块三之间用于夹持试验试样。本装置的工作过程如下:在三个绝缘块间的两个间隙中各放入一个试验试样和一个带导电金属片的导线,通过主夹具体上的两个螺栓给排放在两侧的绝缘块一和绝缘块三施加压力实现对两个试验试样的夹持和固定。将石蜡融化后对试验试样未参与腐蚀的部分进行密封。

作品背后的故事:

首先在开始接触到该项目并开始进行实验的时候,困难很多,第一就是要补充许多与电化学腐蚀和材料相关的知识;第二要阅读相关的文献吸收和借鉴别人在文献中叙述的试验方法。在试验试样的制备阶段,要对不锈钢试验试样进行打磨抛光,由于不锈钢很硬而且要求试验试样的表面粗糙度很小,在打磨机上打磨试验试样的时候扶着试验试样的手指被磨得出血了,等发现的时候手指已经被磨了一个很大的洞,再加上不锈钢试验试样很多,六个试样就打磨了一个星期的时间。但是这并没有难倒我们,既锻炼了我们的毅力和耐心,更重要的是提高了我们的实际动手能力,也提高了与人交流沟通能力、团队合作能力和时间意识,这让我们受益匪浅。

设 计 人: 邢春雷(S201101005)、黄传实(S201101002)、史东山(S201101008)、卢煜斌(S201201025)

作品图片:

 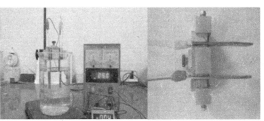

4.57　平面 3R2P 冗余度机械臂

所在学院：机械工程产学研联合培养研究生基地

作品名称：平面 3R2P 冗余度机械臂

指导教师：赵京

展品编号：2014 – ECAST – 094

作品摘要：

该机械臂是一个平面 5 自由度数的冗余度机械臂，包含 2 个移动关节和 3 个转动关节。具有运动灵活性高的特点，能够完成可变结构、躲避障碍、克服奇异性和优化关节力矩等复杂的作业任务。

作品原理及特点：

平面 3R2P 机械臂是一个 5 自由度数的冗余度机械臂，他由 1 个基座、3 个连杆和 3 个关节组成，其中的 3R 指的是 3 个转动关节，2P 指的是 2 个移动关节，即靠近基座的两个连杆长度可以根据需要来调整。该机器人的突出特点是运动灵活性高，能够完成可变结构、躲避障碍、克服奇异性和优化关节力矩等复杂的作业任务。

作品背后的故事：

传统的非冗余自由度机器人的关节空间维数等于其任务空间维数，给定了末端位姿，只存在有限的关节位置与之对应；而冗余自由度机器人由于存在冗余自由度，使得给定机器人末端位姿后，关节空间有无穷多个位形与之对应。由于这种特性的存在，使得冗余自由度机器人具有高度的灵活性，可实现机器人最佳灵活性、避障碍、防止关节运动超极限以及改善动力学性能。

正是这种区别于传统的费冗余自由度机器人的冗余特性，使冗余自由度机器人优于非冗余自由度机器人，而成为人们关注的焦点。

设计人：方承（S200601106）、李谦（S200701031）、李想（S201301011）

作品图片：

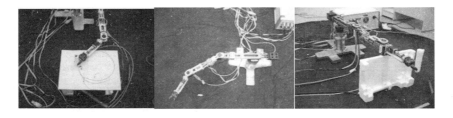

4.58 便携式相贯线焊缝专用焊接机器人系统

所在学院：机械工程产学研联合培养研究生基地

作品名称：便携式相贯线焊缝专用焊接机器人系统

指导教师：赵京

展品编号：2014 – ECAST – 095

作品摘要：

该专用机器人主要用于两管道垂直或不垂直连接时的焊接工作，在不需要变位机的条件下独立完成相贯线焊缝的焊接。

作品原理及特点：

该专用机器人主要用于两管道垂直或不垂直连接时的焊接工作，可以实现不同管径相贯线焊缝的全位置焊接，机器人重复定位精度为±0.5毫米，末端速度为1.5米/分钟，机器人本体重量大约为15千克；采用多目标系统优化技术得到机器人的最优结构，使其与焊件具有自定位和自夹持功能，且具有重量轻、便于携带，模块化设计，可适用于不同管径连接焊接任务等特点；具有全位置焊接工艺专家系统，可以进行实时或离线编程焊接。

作品背后的故事：

相贯线焊缝是锅炉、管道安装行业常见的焊缝形式，约占总焊接量的30%（以焊丝的消耗量计算），目前通常采用手工焊接操作方式，全位置相贯线焊缝的自动焊设备面临着巨大的需求。例如锅炉行业联箱的焊接是该行业唯一难以推广自动焊接工艺的工序，已经成为锅炉制造行业的提高质量和效率的瓶颈。此外，相贯线焊缝在建筑、造船等行业也非常常见。由此可见，该专用机器人在容器制造、建筑和造船等行业具有广泛应用前景。

设计人:刘宇(S200801031)、马佳宏、李涛(S201301023)
作品图片:

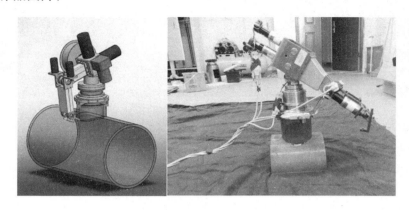

4.59　SWM12 系列微控芯片

所在学院:集成电路工程产学研联合培养研究生基础

作品名称:SWM12 系列微控芯片

指导教师:张炜、韩智毅、冯士维

展品编号:2014 - ECAST - 096

作品摘要:

SWM12 系列芯片是基于 ARM cortex - M0 微处理器核,面向智能控制应用的通用型单片机。它带来的高性能 32 位运算能力尤其适用于对成本敏感的嵌入式应用方案中。这款芯片帮助用户以传统 8 位单片机的价格获得 32 位的性能体验。

作品原理及特点:

1. ARM Cortex - M0 处理器,最高工作频率 50MHz;2. 小型化指令集 Thumb -2,提升存储密度;3. 嵌套中断向量控制器(NVIC),支持 32 个中断源;4. SW 在线调试;5.4 级软件加密模式。

作品背后的故事:

SWM12 系列芯片能够带来高性能 32 位运算能力尤其适用于对成本敏感的嵌入式应用方案。适用于工业控制及电源设备、PMSM 永磁同步电机、进步电机、无刷 DC 电机、测量仪器仪表、白色家电等控制领域。

设计人:孟庆辉(S201202223)、白杨、任志德

作品图片:

4.60 永磁电磁互调解锁器

所在学院:材料科学与工程实训室
作品名称:永磁电磁互调解锁器
指导教师:王群、唐章宏
展品编号:2014 – ECAST – 092
作品摘要:

电磁解锁装置已经广泛应用于工业控制领域,随着技术的发展、设备小型化和高频化的背景下,对系统的电磁兼容性能提出了更高的要求。所以,当在追求电磁解锁设备重量轻、体积小、锁定力和解锁力大、工作行程大等性能时,降低其低冲击电流的特性也是满足 EMC 性能的有效途径。传统的电磁解锁装置中使用动铁芯来实现锁定和解锁的动作,从而使得磁路中的磁通变化加剧,导致冲击电流剧增,对电路中其它精密设备带来影响或损坏;另外,传统的电磁解锁装置受导磁面积的限制,很难实现小型化和增大电磁力。

针对上述亟需应对的问题和不足之处,本作品提供一种永磁电磁互调的解锁结构。通过设计磁路和固定铁芯,将永磁体对铁芯的磁力作为锁定力,通电线圈和永磁体间的斥力作为解锁力,使其满足低冲击电流、重量轻、体积小的要求,同时还具有较大且可控的锁定力、解锁力和工作行程。

作品原理及特点:

通过设计磁路和固定铁芯,将永磁体对铁芯的磁力作为锁定力,通电线圈和永磁体间的斥力作为解锁力,使其满足低冲击电流、重量轻、体积小的要求,同时还具有较大且可控的锁定力、解锁力和工作行程。

　　如图 1 所示,永磁电磁互调的解锁结构:包括旋盖(1)、永磁体(4)、移动杆(6)、铁芯(7)、线圈(8)和封闭式轭铁(9),所述旋盖(1)和封闭式轭铁(9)上部通过螺纹扣连接组成外壳;所述封闭式轭铁(9)上部开有用于容纳永磁体(4)上下移动的孔;所述永磁体(4)设置有保护壳(3),且保护壳(3)顶部直径大于封闭式轭铁(9)上部开的孔;所述线圈(8)以铁芯(7)为轴心绕制;所述铁芯(7)中心设置有用于容纳移动杆(6)上下移动的孔,且铁芯(7)下部固定于轭铁(9)下部内壁。

　　锁定力:将永磁体对铁芯的磁力作为锁定力,通过设置永磁体磁性强度、铁芯的几何参数和弹簧(5)的强度,从而调节锁定力的大小,公式为:$F_{锁} = F_{永} - F_{弹}$。式中,永磁吸力为 $F_{永} = (A/2\mu_0) \cdot (H_c h/R)^2$,弹簧力为 $F_{弹} = Kx$,其中,μ_0 为真空磁导率,H_c 永磁矫顽力,h 为永磁高度,R 为磁路的等效磁阻,K 和 x 为弹簧弹性系数和压缩距离,锁定时磁路如图 2 所示。

　　解锁力:将通电线圈和永磁体间的斥力作为解锁力,通过设置线圈匝数 N 和电流大小 I、永磁体磁性强度、铁芯的几何参数和弹簧(5)的强度,从而调节解锁力的大小:$F = F_{电} + F_{永} + ?? K?? x$,式中,电磁力为 $F_{电} = (A/2\mu_0) \cdot [(NI - H_c h)/R']^2$,$R'$ 为磁路的等效磁阻,解锁时磁路如图 3 所示。

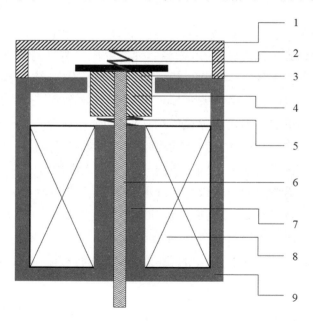

图 1　永磁电磁互调解锁结构示意图

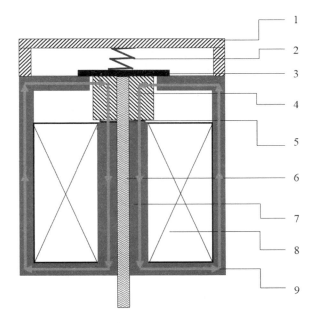

图 2　永磁电磁互调解锁器锁定时磁路结构示意图

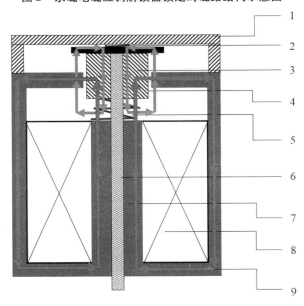

图 3　永磁电磁互调解锁器解锁时磁路结构示意图

作品背后的故事：

航天领域中通常需要用到具有瞬时、可控过程的解锁结构。该结构期望具有体积小、质量轻,低冲击电流,同时还具有较大且可控的锁定力、解锁力和工作行程的性能。

借助于科技基金的平台,结合客户指定的性能指标,在指导老师们的帮助下,独立设计并加工制备了一种永磁电磁解锁结构的解锁器,分别对成品进行了冲击电流测试、高低温环境下的性能测试,满足客户需求,此外所设计的结构还为客户解决了引入永磁、电磁屏蔽的问题,获得到客户一致好评。

通过此次科技基金拓展了自己的知识,强化了研究性学习的习惯,永不满足、追求卓越的态度,发现问题、提出问题、从而解决问题的能力。

最后,感谢辅导教师在此科技活动中的指导和帮助,感谢学校为我们提供此次实践锻炼的机会。

设计人:金鑫(B201409018)

作品图片:

实物图

第五章

2015 年北京工业大学科技节科技成果

科技成果展作为科技节的开场大戏,展示了从 24 个院所、6 个工程实训室、7 家校外产学研合作基地精选的百余件作品。与往年相比,今年的科技节真正实现了师生总动员,将教师成果展引入科技节,并特别设计了北工大科技树,展现了在学校不同时期取得的辉煌科技成果。同时,为顺应国家创新创业大潮,引入了"创业之蓝"展区,展示我校在校生优秀的创业项目,讲述创业背后的故事,从而了解大学生创业的酸甜苦辣。此外,本届科技成果展还增设了"挑战杯"优秀作品专区和毕业设计优秀作品专区,集中展示历年的"挑战杯"竞赛获奖的优秀作品及本年度本科生特优论文以及优秀博士、硕士论文。

5.1 软管清道夫

所在学院:机械工程与应用电子技术学院

作品名称:软管清道夫

指导教师:王建华、赵永胜

展品编号:2015 - ECAST - 002

作品摘要:

本作品是软管内壁攀爬清洗机器人,整机采用模块化设计,包括上部固定机构、下部固定机构和中部前进机构,仿照蠕虫的爬行方式运动。两个固定机构分别位于中部前进机构两端,起固定作用,中部前进机构负责连接整机。

作品原理及特点:

针对当前软管应用广泛,但在安装位置人工清洗困难的情况,设计了一款能够在软管内执行爬行、清洗功能的机器人。整体采用上、下固定机构和中间前进机构,仿照蠕虫的爬行方式前进,安装毛刷盘以实现清洗功能。

作品背后的故事:

有个好的题目是成功的一半,我花费了很长时间来确定题目,之后大家分工合作,遇到问题积极讨论解决,多与老师交流沟通,最终把我们的想法一一实现。这个过程让我们明白团队合作的重要性,锻炼了我们解决问题的能力。

设计人: 陈映(12010329)、闫俊(12010332)、郭宇新(12010311)

作品图片:

5.2　泛用型螺旋轮式管道攀爬机器人

所在学院: 机械工程与应用电子技术学院

作品名称: 泛用型螺旋轮式管道攀爬机器人

指导教师: 王建华

展品编号: 2015 - ECAST - 003

作品摘要:

本作品是一款新型的管道机器人,在改进现有驱动方式的基础上,将不同驱动方式的优点结合了起来,综合性能优异。并且机器人机体采用通用设计,可以搭载多种工作模块,实现多种功能。

作品原理及特点:

1. 背景:现有的管道机器人功能单一,空间利用率不高;2. 原理:前置履带驱动,利用其越障能力和高速运行能力,后置螺旋轮式驱动弥补其轴向驱动力;3. 创新点:螺旋架与机体一体化设计,模块搭载部分使用中空设计提高空间利用率。

作品背后的故事:

考虑到成本,可行性等多方面原因,我们的理论设计进行了很长一段时间。

在对小组三人分别建模的部分进行总装时出现了比例不协调的问题,为此,我们对机器人一些尺寸重新设计。这个设计过程让我们知道一个好的设计是从无数次修改中诞生的。

设计人:张月泽(12010119)、谢启航(12010109)、周洪(12010129)

作品图片:

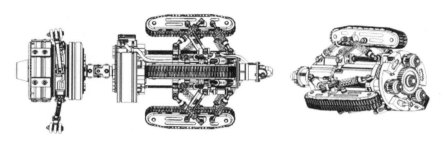

5.3　多功能管道机器人

所在学院:机械工程与应用电子技术学院

作品名称:多功能管道机器人

指导教师:王建华、李富平

展品编号:2015 – ECAST – 004

作品摘要:

本项目可对管道内部进行操作,操作简单,成本较低,人们可以进行远程监控以确保人身安全,节省开支。机器人上有一个特定位置可根据用户需求自行安装焊条、传感器、清理刷等器件,完成管内焊接、探伤和清扫功能,由此可见,此款机器人适应性较强,便于以后的开发和利用。

作品原理及特点:

本产品可完成管内焊接、探伤和清扫等多项功能。贴附原理是通过机械压力产生的摩擦力保证机器人在管道内壁不脱落,再通过控制三个万向轮同一角度旋转,从而控制机器人的行进速度;还有通过万向联轴器连接装置,使机器人通过弯角半径大于 1 米的弯管。

作品背后的故事:

产品的设计是为了解决对管道内部出现问题时候,实现的非人工操作,产品设计团队由三名机电学院大三的同学组成,在产品制作过程当中曾出现团队内部分工不明确,策划方案不同意的情况,最后是通过少数服从多数的原则解决问题的。

设计人:符致孟(12010328)、王冉(12010425)、刘琦(12010412)

作品图片:

5.4 疾速蝮蛇

所在学院:机械工程与应用电子技术学院

作品名称:疾速蝮蛇

指导教师:王建华、刘志峰

展品编号:2015 – ECAST – 005

作品摘要:

一款侦察型可越障机器蛇。通过模仿蛇的抬头和摆头动作,在不同角度的墙面转换自如,迁移性强。以车轮为运动方式,并在运动关节处加有缓冲扭簧,保证转换角度的准确。在吸附方面,运用真空负压原理使其吸附在墙面上。

作品原理及特点:

1. 可翻越 – 90°～90°的墙面;2. 连接关节配有扭簧缓冲结构,减少运动协调计算量;3. 可测量吸附力度,自动调节风扇转速,减少功耗;4. 高清摄像头可360°转动,全方位进行侦察。

作品背后的故事:

传统爬壁机器人普遍存在跨越障碍物能力弱的不足,导致其不能涉足危险场地执行搜寻和检测维护任务,应用范围少。为了改善不足,与稳定性好、横截面小、高柔性的蛇形机器人相结合,设计出了此款机器蛇,可翻越 – 90°～90°的墙面。

设计人:石烨佳(12010219)、马丹跃(12010120)、卢垣燊(12010127)

作品图片:

5.5　管道无损检测机器人

所在学院:机械工程与应用电子技术学院

作品名称:管道无损检测机器人

指导教师:王建华、赵永胜

展品编号:2015 - ECAST - 006

作品摘要:

管道无损检测机器人是一款基于电磁吸附原理的管道无损检测机器人,可在管道内爬行,机器人采用多节机身,可实时调整姿态以适应管道内壁弯曲等不利于爬行的情况,机器人可搭载 CCD 摄像头,以及超声、漏磁等多种传感器。工作人员可在管道外通过计算机操控机器人,检测管壁内部缺陷,了解管道内壁情况。

作品原理及特点:

球形连接结构实现了在一个结构中同时完成机器人转向与抬头的动作。足内电磁铁与弹簧相连,通过通断电使电磁铁伸缩。根据管道弧度不同,足与机身夹角会随时改变保证足内磁铁垂直吸附在管道上。

作品背后的故事:

在设计过程中我们遇到了很多困难,比如意见不统一,遇到这种情况我们一般会认真分析一下哪个方案更合理,最后找到一个最好的方案,三维建模过程中有不会的地方,我们会找这方面比较好的学长请教。

设计人:王帅(13013116)、吕新超(13013117)

作品图片：

5.6 电动螺旋桨驱动的永磁悬浮车(车模)

所在学院:机械工程与应用电子技术学院

作品名称:电动螺旋桨驱动的永磁悬浮车(车模)

指导教师:孙树文、董天午

展品编号:2015 – ECAST – 007

作品摘要:

该展品由车体、永磁体导轨、控制器和供授电装置等部件组成。车体内有可编程控制器、无线接收机、授电电刷、电动螺旋桨以及车载永磁体和导向模块等。导轨始端设有操控箱,内置无线发射机、外设操作按钮及电源等,电源通过电导轨和车载电刷向车内供电。

作品原理及特点:

以磁悬浮同极相斥的原理为基础向观众展示永磁悬浮技术在轨道交通上的应用。与电磁悬浮车相比,结构简单、节约能源、成本低廉、故障率低、性能稳定。采用电螺旋桨推动列车行驶,驱动方式新颖。

作品背后的故事:

做一个工程,如做一件艺术品,需要对每一个步骤进行精雕细琢。只有全身心地投入,才能收获丰收的果实。一个工程,是软件与硬件的完美结合,只有完全熟悉硬件性能与软件的编程环境,才能做出符合要求,性能突出的作品。

设计人:马忠祥(S201401175)、张璇(S201401079)、刘志才(S201401067)

作品图片：

5.7　葡萄糖生物传感器

所在学院：电子信息与控制工程学院

作品名称：葡萄糖生物传感器

指导教师：高学金

展品编号：2015－ECAST－010

作品摘要：

本课题由国家自然科学基金（No. 61174109）、北京市教委科技计划面上项目（No. KM201210005002）资助，为满足工业生产过程中葡萄糖检测的及时性需求，实现发酵罐中的原位测量，将酶液代替酶膜，避免高温灭菌对酶的伤害，而且也有利于生物传感器的通用性研究。

作品原理及特点：

1. 创作背景：由于发酵过程运行前需要对发酵罐、管路、阀门等进行高温蒸汽灭菌，使得目前普遍使用的"酶膜"方式葡萄糖生物传感器因酶膜活性因素不能在线使用，故目前葡萄糖浓度测量主要采用离线方式，导致了葡萄糖流加不能实时在线控制，进而难以精确控制发酵液葡萄糖浓度，因此提出了"酶液"方式葡萄糖生物传感器结构，设计并实现了酶注射式葡萄糖生物传感器，以及透析取样系统，最终建立了酶注射式葡萄糖生物传感在线分析系统；2. 原理：待测物和敏感基元进行特异性结合后，产生电化学、光学、热学或压电学等响应信号，信号转换器接收此响应信号，并将其转换为可测的物理信号，再经过信号处理器将物理信号进行测量并调理成合适的电压或电流信号，此信号大小与待测物的含量或浓度成一定的定量关系，从而实现了对待测物的定量检测；3. 创新点:1)提出利用酶液的方式进行在线测量,并研制出传感器,实现发酵过程的实时监测;2)设计了一种新的探头取样装置,可对发酵罐中的溶液进行取样;军事模型作为模型系列中的重要组成部分。

设计人:刘广生(S200902165)、薛吉星(S201102225)、张鹏(S201202022)

作品图片:

5.8　内燃机电磁驱动气门演示装置

所在学院:环境与能源工程学院

作品名称:内燃机电磁驱动气门演示装置

指导教师:张红光

展品编号:2015 – ECAST – 016

作品摘要:

本作品是一款用于活塞发动机的电磁驱动气门机构。其主要由气门、电磁铁、缓冲弹簧和控制电路组成。该装置通过弱电电路控制强电电路,使电磁铁通电,产生磁场,吸合与气门连接的衔铁运动,达到控制气门开、闭的功能。

作品原理及特点:

随着电控与电磁技术的发展,电磁驱动气门在内燃机领域已初露锋芒。其原理是通过电磁铁通电产生电磁,吸合与气门连接的衔铁运动,进而控制气门开闭。该结构有效地减小了配气机构的尺寸,且相较凸轮机构更易于控制。

作品背后的故事:

本作品创作目的在于以实物的方式展示电磁驱动气门的工作过程。团队由研二与研三的硕士组成,为了解决运动过程中缓冲的问题,重新设计弹簧固定机构进行结局,并最终实现了对气门运动的缓冲问题。

设计人:李高胜(S201405028)、常莹(S201305034)、贝晨(S201305033)、王

宏进(S201305108)、赵光耀(S201205016)

作品图片:

5.9 新型矿泉水节水瓶盖

所在学院:环境与能源工程学院

作品名称:新型矿泉水节水瓶盖

指导教师:张红光

展品编号:2015 – ECAST – 017

作品摘要:

本作品是针对现实生活中人们饮用瓶装矿泉水(或纯净水)后,瓶底约有
2.16ml 残留水,从而造成水资源浪费这一现象而设计的。本作品在保留原有矿
泉水瓶盖螺纹密封的基础上,将平顶瓶盖改为具有一定容积的斜截圆台式瓶
盖。当饮用将要结束时,倒置矿泉水瓶,则可收集到平常难以饮用的瓶底残留
水。瓶盖的部分侧壁设计为斜面,当人们饮用时,头颈部位仰角适宜,符合人体
工程学原理。同时,本作品设计有符合美学的手柄,在增强倒置稳定性的同时,
方便消费者携带。

作品原理及特点:

1. 创作背景:经调查发现,当消费者饮用矿泉水时,最后往往在瓶子底部会
残留约 2.16ml 的水,造成水资源的浪费;2. 原理:保留原有矿泉水瓶盖螺纹密
封技术,将原有的平顶瓶盖设计为具有一定容积的斜截圆台式平顶瓶盖,并将

瓶盖的斜截圆台式容积部分的部分侧壁设计为斜面,饮用将要结束时,倒置瓶盖,瓶中的残留水便聚集在瓶盖内。瓶盖增设手柄部分,方便人们携带;3. 创新点:1)有适当容积的瓶盖,只需倒置就可以收集平常难以喝到的瓶底残留水;2)瓶盖平顶的设计,有利于矿泉水瓶倒置时放在水平面上,不必手拿,节约人力和时间;3)瓶盖轻质小巧,与瓶装水配套生产,一瓶一盖,也可以作为一个同类产品的万能新型瓶盖,多次使用;4)瓶盖的斜截圆台式容积部分的部分侧壁设计为斜面,当人们饮用时,头颈部位仰角适宜,符合人体工程学原理;5)瓶盖的手柄部分,方便人们携带,同时在倒置时可以稳定重心,增强倒置时的稳定性。

设计人:支淑梅(12053128)、云晓青(12054124)、白晓鑫(12053126)

作品图片:

5.10 位于自行车把的风能——太阳能混合能源利用系统

所在学院:环境与能源工程学院

作品名称:位于自行车把的风能——太阳能混合能源利用系统

指导教师:张红光

展品编号:2015 – ECAST – 018

作品摘要:

本作品针对在户外自行车骑行时不方便给手机等电子设备供电的问题,设计出风能—太阳能混合能源利用系统。试验表明,该装置在自行车正常骑行过程中能为手机、车灯等电子设备提供充足的能源,具有明显的节能减排效果。

作品原理及特点：

1. 创作背景：本作品针对在户外自行车骑行时不方便给手机等电子设备供电的问题而设计；2. 原理：Savonius 型风力机原理、太阳能光伏；3. 创新点：利用风能——太阳能混合能源利用系统；选用 Savonius 型风力发电机；采用锂电池蓄电。

作品背后的故事：

本作品是针对在户外骑行时不方便给手机等电子设备供电的问题而设计，与几位同学一起展开了设计研发工作。制作过程中遇到过很多困难，包括外壳、风轮形状的设计与制作等。活动当中，锻炼了我们的技巧与团队合作能力。

设计人：刘世奇（14053101）、明泽鹏（14053101）、王崇尧（14053102）、SharifovSayyod（德明）（14053151）、李越峥（14053321）

作品图片：

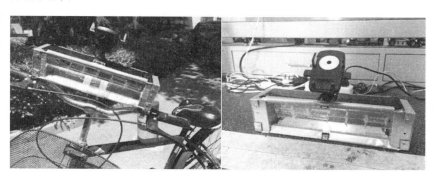

5.11　基于超级电容的电动车起停能量优化控制

所在学院：环境与能源工程学院

作品名称：基于超级电容的电动车起停能量优化控制

指导教师：宾洋

展品编号：2015 - ECAST - 022

作品摘要：

随着汽车行业的飞速发展，能源紧缺和环境污染的问题越发严重，在这种情况下，电动汽车以零排放、高效率的优点成为当前的研究热点。针对复杂城市交通状况下的电动车频繁起停工况，如何改善车辆静止启动时的动态性能，以及回收减速时的制动能量,是进一步提高车辆行驶能量效率、延长车辆续驶里程的一个关键问题。本作品利用超级电容这一高效蓄能功率元器件,结合DCDC变换器,在车辆静止启动工况时,可实现对期望加速度的跟踪控制;在车辆制动减速时,利用电机的制动再生原理,通过调节DCDC的PWM占空比,可实现电动车制动过程中对可变制动强度(不考虑紧急制动工况)的全电化跟踪控制,实现制动能量的回收。本作品相比传统的固定制动强度以及机电混合式制动能量回收控制,其实现的制动能量回收效率可得到进一步提高。

作品原理及特点:

本作品以一辆卡丁车为基础,加装轮毂电机、电机驱动器、锂离子电池、超级电容及DCDC等功率元器件,搭建了一辆纯电动车。针对频繁起停的复杂城市交通工况,该电动车基于超级电容+DCDC这两大关键功率元器件,在车辆静止启动工况时,通过调节DCDC,可实现超级电容的瞬时功率输出,驱动车辆以期望的加速度行驶;在制动减速工况时,轮毂电机工作在发电状态,使用电机驱动器控制再生制动电流的大小,利用超级电容具有高效大电流充电的特点,通过DCDC将制动过程中的瞬时电能储存到超级电容中,从而实现对制动过程中可变制动强度的全电化跟踪控制。实验证明,基于超级电容+DCDC的电驱动系统,可实现电动车辆对起停工况的高效跟踪控制,提高车辆能源系统的工作效率。

设计人:徐鸿飞(11056317)、于静美(S201305012)、秦龙(S201305085)、夏发银、齐宏芳

作品图片:

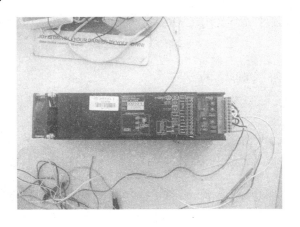

5.12 燃料电池混合动力车

所在学院:环境与能源工程学院
作品名称:燃料电池混合动力车
指导教师:宾洋
展品编号:2015 – ECAST – 023
作品摘要:

内燃机汽车在经过百年发展后,虽然在安全、节能、环保等方面取得了重大的进展,但不得不面临石油资源日益枯竭的现状。随着能源危机和环境污染问题越来越严重,低排放、无污染的清洁汽车备受各国的关注。车辆的纯电动化是未来发展的趋势。尽管电池作为主能量源的电动车辆是一种较为先进的驱动方式,但是仍无法回避电池的回收处理问题。

质子交换膜燃料电池(PEMFC)以其能量密度高并且可实现"ZERO"排放的环保优点,成了各大汽车公司研究的热点。但由于燃料电池系统的动态响应慢,在启动、急加速和爬陡坡时,其动态输出特性无法完全满足车辆的性能要求。本作品利用燃料电池、锂电池结合 DCDC 变换器的拓扑结构,可以在车辆的整个行驶过程中实时进行功率分配,实现系统效率最优的目标。启动时,由锂电池提供动力;在正常驱动过程中,由燃料电池提供稳定的动力;急加速和爬陡坡时,燃料电池提供稳定的动力,锂电池提供其余的动力;制动时,由锂电池吸收制动能量。相比单一能源的电池或者燃料电池车辆,此拓扑结构的混合动力车,可实现"ZERO"排放、良好的动力性能和高效的系统运行效率。

作品原理及特点:

本作品以一辆卡丁车为基础,加装轮毂电机、电机驱动器、燃料电池、锂电池及 DCDC 等功率元器件,搭建了一辆混合动力电动车。车辆启动时,由于锂电池的动态响应速度更快,所以由锂电池提供动力;等到燃料电池系统运行稳定时,即由 DCDC 切换至燃料电池提供动力;在车辆行驶过程中会出现急加速和爬陡坡的状况,此时由于燃料电池的响应速度较慢,无法及时加速和爬坡,DCDC 会自动分配功率,使得燃料电池的功率缓缓提高,而锂电池的功率迅速提高以适应加速和爬坡工况;在制动过程中,轮毂电机会产生制动回馈能量,此时燃料电池无法吸收,则由锂电池吸收回馈能量,进而延长车辆续航时间,提高汽车动力系统的效率。

设计人：夏发银、于静美（S201305012）、徐鸿飞（11056317）

作品图片：

5.13 无人驾驶车辆的 simulink 信息融合平台

所在学院：环境与能源工程学院

作品名称：无人驾驶车辆的 simulink 信息融合平台

指导教师：宾洋

展品编号：2015 – ECAST – 024

作品摘要：

随着汽车行业的飞速发展，智能化无人驾驶车成为现如今研究的一个热点。无人驾驶车就是通过车载传感系统感知道路环境，自动规划行车路线并控制车辆到达预定目标的智能车。针对复杂的交通路况以及采集信息的多样化，如何对采集到的信息进行信息融合是一个关键问题。本作品利用车载传感器结合 GPS 来感知车辆周围环境，并根据感知所获得的道路、车辆位置和障碍物信息，利用 MATLAB/simulink 信息融合平台对多源信息进行加工，控制车辆的转向和速度，从而使车辆能够安全、可靠地在道路上行驶。

作品原理及特点：

无人驾驶车的关键技术是导航，本作品以惯性传感器和 GPS 两种截然不同的导航方式进行导航。前者是用来测量车辆在惯性坐标系内的角度和角速度，而 GPS 是通过卫星发射的定位信号进行定位的，但卫星定位信号很容易被障碍物阻拦降低其定位精度,所以采用惯性导航和 GPS 信号组合导航的方式导航。由于量测值只是系统的部分状态或是线性组合,且含有量测噪声。因此采用卡尔曼滤波器降低其噪声,采用基于 simulink 信息融合平台的卡尔曼滤波算法进行数据融合。从而实现对车辆进行实时跟踪与导航。实验证明,基于 simulink 信息融合平台的智能无人驾驶车,可实现对无人驾驶车的准确跟踪与导航。

设计人:范晓娟、胡坤福、于静美(S201305012)、段海艳

作品图片:

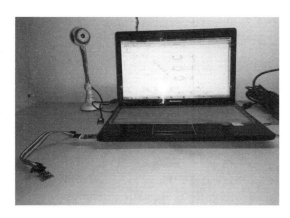

5.14　一种适用于材料疲劳寿命的实时计数软件

所在学院:环境与能源工程学院

作品名称:一种适用于材料疲劳寿命的实时计数软件

指导教师:宾洋

展品编号:2015 – ECAST – 025

作品摘要:

材料在长期使用过程中,由于承受不断循环载荷的交替影响,疲劳破坏占主要形式。因此,对材料进行疲劳寿命分析,对载荷时间历程或局部应力、应变历程进行统计处理,具有重要的实际意义。本作品针对实际应用的各种工程材料(涉及机械、电化学等),设计了一种对材料的载荷时间历程或局部应力、应变历程进行实时统计处理的计数软件。实际工作的构件受力状态比较复杂,该软件可实时地对材料或构件等疲劳失效时所经受的规定应力或应变的循环次数

进行统计,从而进行损伤计算,完成寿命估算。该实时计数软件适用于曲轴、汽轮机转子、地铁车辆转向架、风力机叶片等旋转构件疲劳寿命预测,还可预测风光储能发电系统、离网型复合能源系统中储能系统的使用寿命,应用范围广。

作品原理及特点:

在机械结构疲劳寿命估算和疲劳试验研究中,疲劳破坏占主要形式。目前,进行损伤计算,完成寿命估算的方法有多种,但多数是离线进行的。在实际运行过程中,使用这种方法是不方便的,因为在同一时间内,该方法必须处理所有存储的数据,计算量较大,运算效率低。针对以上问题,本作品设计一种实时计数软件,应用到材料疲劳寿命估算中。疲劳寿命预测系统主要包括传感器模块、信号采集系统、滤波模块以及实时计数模块。信号采集系统接收传感器采集到的构件载荷的变化量,经滤波模块滤除无效波,输入到实时计数模块中,输出当前应力幅值以及对应的循环次数,并计算出当前寿命损耗。该实时计数软件适用于曲轴、汽轮机转子、地铁车辆转向架、风力机叶片等旋转构件疲劳寿命预测,还可预测风光储能发电系统、离网型复合能源系统中储能系统的使用寿命,应用范围广。

设计人:于静美(S201305012)、徐鸿飞(11056317)、秦龙(S201305085)、夏发银、齐宏芳

作品图片:

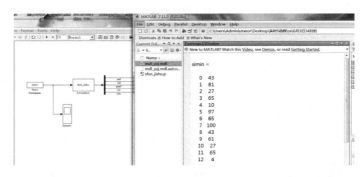

5.15　基于蓝牙4.0的CSR8670无线立体声音响

所在学院:应用数理学院

作品名称:基于蓝牙4.0的CSR8670无线立体声音响

指导教师：彭月祥

展品编号：2015 – ECAST – 027

作品摘要：

以往的蓝牙音响存在很多问题，主要集中在以下方面：1. 音效失真严重；2. 音频传输延时；3. 噪声大；4. 免提语音功能缺失。我们选择全球顶级的蓝牙芯片 CSR8670 配合倒 F 型 2. 4GHz 天线模拟，使用 PAM8403 功放 HIFI 芯片，达到极佳立体音效体验。

作品原理及特点：

1. 创作背景：现有蓝牙音响存在较多缺陷、生产商为节省成本不注重细节雕琢；2. 原理、创新点：使用 2. 4GHz 蓝牙 4. 0 芯片 CSR8670，程序中使用 HFP 协议实现免提、A2DP 协议实现立体声、AVRCP 协议实现反馈控制、APTX 实现音频高保真，及 ADPCM 数字音频压缩算法军事模型作为模型系列中的重要组成部分。

作品背后的故事：

任何一款产品都离不开对细节精雕细琢，我们的作品所使用的部件不论是蓝牙（CSR8670 算法）还是功放或是天线，都经过很多方案的挑选。

设计人：张持良（12061123）、王琪（12061110）、庞天赫（12053101）

作品图片：

5.16　等离子扬声器

所在学院:应用数理学院

作品名称:等离子扬声器

指导教师:周劲峰

展品编号:2015 – ECAST – 028

作品摘要:

离子扬声器是扬声器的一种却完全区别于普通扬声器,普通扬声器存在由于振膜共振而产生的谐波杂音。离子扬声器正是为了克服普通扬声器的这一弊病而设计的,它没有振膜,通过直接驱动离子化的空气震动发声,所以理论上离子扬声器是扬声器中性能最佳的。

作品原理及特点:

本发明是一种新型 DC – DC 电声换能装置,使用中功率 DC – DC 技术实现了高效率的高压逆变过程,安全可靠,调制后的声音经过尖端放电展现出来后很悦耳,没有高频低噪,彻底消除了传统振膜扬声器的机械损耗,使得声音的清晰度达到了一个数量级的提升。一定程度上可以增强现有的 HiFi 音响系统,同时增加电声换能的多样性。

作品背后的故事:

作品创作的目的是设计一种全新的电—声换能装置,得益于其近乎完美的高频响应特性,在某种程度上可以取代现有的高音扬声器。设计该扬声器的团队是曾经参加北京市挑战杯的"那是蚂蚁"团队,由来自各个学院的科技爱好者组成。该作品经历了半年的研发期,克服了种种问题后实现了既定的功能。

设计人:邵泽群(10061114)、吕晨亮(11101124)、李佳晨(11056307)

作品图片:

5.17 感应式迷你金属熔炉

所在学院:应用数理学院

作品名称:感应式迷你金属熔炉

指导教师:周劲峰

展品编号:2015 – ECAST – 029

作品摘要:

感应加热即输入了中频或高频交流电的空心铜管会产生交变磁场,此时在空心铜管中央放入工件,会在工件表面产生出同频率的感应电流,可使工件表面迅速加热,在几秒钟内表面温度上升到800℃ ~1000℃ 。

作品原理及特点:

本作品是一个应用于实验室和精加工场所的小型感应加热器,不同于市面上常见的千瓦级感应加热器,该感应加热器只需要百瓦级别的功率即可轻松融化工质,例如石蜡、PLA 塑料等,开启全功率模式甚至可以熔化低熔点金属,例如铅、锡、铋和一些合金,使用特殊金属罐体可以熔化铜铁,适用于浇铸工件。

设计人:邵泽群(10061114)、吕晨亮(11101124)、李佳晨(11056307)

作品图片：

5.18　基于蓝牙 **iBeacon** 的室内定位

所在学院：计算机学院

作品名称：基于蓝牙 iBeacon 的室内定位

指导教师：包振山、张文博

展品编号：2015 – ECAST – 034

作品摘要：

iBeacon 是依托 Bluetooth 4.0 低功耗蓝牙协议推出的轻量级手机硬件外设。已经在移动社交、健康医疗、电子商务、智能家居等领域中得到了广泛普及。我们的作品是在 Android 设备上无缝识别环境中的 iBeacon 基站，从而达到确定用户室内地理位置的一款手机应用 APP。目前该 APP 是某地下车库管理系统的重要技术支撑。我们将在展会互动中用若干台智能车展示该系统的基本原型。

　　作品原理及特点：

　　我们不满足于手机上简单的室内测距应用，而是智能匹配多个基站的动态信息进行室内定位。我们的信号来源是廉价且低功耗的 iBeacon 基站。廉价、高效、低功耗、无需测距是我们的创新点。我们的参展作品包括但不限于以下内容：移动目标的室内定位、会追踪行人的智能小车、地下车库管理系统的原型展示等。

　　设计人：王令则（S201307001）、周恪勤（S201307002）

作品图片：

5.19 基于 IPv6 无线传输的路灯状态监控系统

所在学院：信息安全实训室

作品名称：基于 IPv6 无线传输的路灯状态监控系统

指导教师：秦华、赖英旭

展品编号：2015 – ECAST – 039

作品摘要：

基于 IPv6 无线传输的路灯状态监控系统，主要分为三部分，分别为：路灯端采集器，WIFI 传输模块和远程监控中心模块。路灯端采集器负责采集路灯信息和状态、接收远程监控指令并做出相应反馈处理。WIFI 传输模块负责路灯采集器和远程监控中心之间数据传输，支持基于 IPv6/IPv4 的 WIFI 通信。远程监控中心负责监控路灯运行状态、维护路灯相关信息和维护系统管理人员信息。

作品原理及特点：

1. 创作背景：大部分校园路灯管理相对落后，依靠人工方式完成相关工作，因此开发智能路灯状态监控系统，不仅能够减少人力物力的支出，而且使路灯在为日常生活提供便利的同时具有较强的智能性和环保性；2. 原理：路灯采集器通过在单片机上进行嵌入式编程等技术实现，主要部件包括单片机、开关电源、固态继电器、霍尔电流传感器。WIFI 传输模块能够支持 IPv4 和 IPv6 两个协议栈。远程监控中心运行在服务器上,以 C/S 模式与路灯端采集器协同工作,以 B/S 模式与路灯管理人员协同工作。路灯管理人员通过登录监控中心网站,便能智能的监控园区内的路灯运行状态;3. 创新点:通过为每个路灯安装无线采集器,实现了远程获取路灯状态等功能,方便管理人员对路灯进行管理和维修。为每个无线采集器分配 IPv6 地址,解决了由于路灯数目多造成的大量 IPv4 地址被占用的问题。系统采用 WIFI 无线传输,能够与当前校园网络良好融合,无需重新组网就能投入使用。军事模型作为模型系列中的重要组成部分。

　　设计人:王娜(S201307146)、蔡一鸣(S201307139)、郭峰(S201207024)、谷宇驰(S201307058)、梁骏(S201307057)

　　作品图片:

5.20　基于互联网的层次富媒体展示平台设计与实现

所在学院:信息安全实训室

作品名称:基于互联网的层次富媒体展示平台设计与实现

指导教师:马伟

展品编号:2015 – ECAST – 040

作品摘要:

　　本作品面向中国传统古画中的名作,包括《清明上河图》《韩熙载夜宴图》等,采用最新的 Web 技术,结合并使用多种富媒体元素(图片、视频、音频等),实现的中国古画的展示系统。本作品涉及领域多,包括中国古代文化、平面和互动设计、计算机领域等。项目团队由故宫博物院、清华美院、北工大计算机学院的近十名成员组成。故宫博物院负责图像数据提供、古画知识的脚本撰写；清华美院负责平面、交互设计；我们北工大同学负责技术实现和难点的解决。系统功能包括：超高分辨率图像的流畅浏览、丰富的古画知识探索、自然的人机互动。该系统由故宫博物院、清华美院和北工大计算机学院联合开发，现在部分功能已经在故宫网站上对外开放，在宣传中国古代文化方面发挥着重要作用。

作品原理及特点：

随着互联网信息的不断发展，越来越多的领域开始结合新媒体环境下的技术手段，将传统产业赋予新时期的色彩，例如博物馆。本课题起源于博物馆对于展示高清古代名画作品影像的需求，本项目使用虚拟化 ESXI 作为系统平台，使用 LNMP 作为网站服务器平台，通过使用 HTML5 等编程语言作为实现手段，开发了互动富媒体网络展示平台，该平台目前在故宫上线，对外开放了《清明上河图》《韩熙载夜宴图》的展示。

作品背后的故事：

我们的项目要在故宫机房安装并测试，炎炎夏日室外三十几摄氏度的温度，机房的温度只有几摄氏度，每次安装或测试往往需要在机房待上几小时。在去故宫之前，我们都戏谑地说要带着厚棉袄过去。尽管辛苦，但是我们很开心。

设计人：赵明（11070216）、常仕禄（11070209）、吕成（12072219）、刘硕（11070205）、王求元（12073234）

作品图片：

5.21　3D 打印设备与作品展示

所在学院：激光艺术创意室

作品名称：3D 打印设备与作品展示

指导教师：陈继民

展品编号：2015 – ECAST – 045

作品摘要：

3D 打印，即快速成型技术的一种，它是一种以数字模型文件为基础，运用粉末状金属或塑料等可黏合材料，通过逐层打印的方式来构造物体的技术。本作品展示的是 DLP 面曝光快速成型技术，面曝光快速成型技术相比于传统的扫描成型技术具有成型时间短，成本低等优点。

作品原理及特点：

本作品展示的是基于光固化的 3D 打印技术，采用光敏树脂（聚丙烯酸酯）为原料，紫外光在工控机的控制下根据零件的分层截面信息，在光敏树脂等相应材料的液面进行面曝光，被曝光区域的树脂经过光聚合反应而固化，形成零件的一个分层截面，一层固化好后工作平台下降一个分层厚的距离，以便在先前固化好的零件分层截面重新涂抹一层新的液态树脂，然后工控机控制紫外光再曝光下一分层截面，层与层之间也因此而紧密连接在一起没有缝隙。如此反复直至整个零件成型。

作品背后的故事：

本作品的创作启发有一个有趣的故事。我们团队成员有一人牙齿不好，经常需要补牙。后来经过了解，补牙所用的光敏树脂可以应用于 3D 打印技术中，于是就萌发了做一台光固化的快速成型设备。本项目的工作是在导师陈继民教授的悉心指导下完成的，在制作过程中，得到了陈老师的大力支持以及技术上的指导。同时也感谢激光院的各位老师与同学的帮助与支持。

设计人：黄宽（S201313006）、方浩博（S201313007）、李东方（S201413070）、王颖（S201413037）、刘春春（S201413043）、窦阳（S201413039）

作品图片：

5.22　激光打标与漆画制作

所在学院:激光艺术创意室

作品名称:激光打标与漆画制作

指导教师:陈继民

展品编号:2015 – ECAST – 046

作品摘要:

通过对图片进行矢量处理,将不同部位、不同类别的图案进行分割,利用激光打标机不同笔可设定不同参数的特点,将不同部分的图案以特定的加工参数在经过特定喷涂工艺处理的亚克力板材上进行打标,进而得到具有艺术美感的工艺品。

作品原理及特点:

激光打标技术是激光加工最大的应用领域之一,然而通过矢量图对经过多色喷涂处理的亚克力板材表面制作出具有层次分明,并表现出一定颜色的技术并不成熟。

通过我组人员的不断的实验,对各种颜色的涂料以特定的顺序进行逐层喷涂,并对不同颜色涂料打标参数的研究,将二者结合后即可在图案的不同部位以特定的加工参数进行打标得到不同的颜色,最终制作出工艺品。

作品背后的故事:

本项目的工作是在导师陈继民教授的悉心指导下完成的。团队成员既有激光院的同学也有建工、艺术院的同学,在打标作品制作的过程中,遇到了各种各样的问题,例如激光器的维修,激光参数调试,图案分割,等等,但在团队成员的帮助下都顺利地解决了。通过这次的作品制作,深深体会到了自己动手的乐趣。把所学到的激光加工的知识应用到实际中去,既加深了对所学知识的掌握,又促进了团队成员间协作。

设计人:李东方(S201413070)、窦阳(S201413039)、刘春春(S201413043)、王泽蒙(S201413004)、张永志(S201413005)

作品图片:

5.23　激光雕刻与版画制作

所在学院:激光艺术创意室

作品名称:激光雕刻与版画制作

指导教师:陈继民

展品编号:2015 - ECAST - 047

作品摘要:

激光雕刻版画,主要通过调节激光器工艺参数将图画的不同部位清晰地雕刻在实木制版上,经过拓印和精加工即可得到一幅精美的版画作品。

作品原理及特点:

激光雕刻精度高,线宽小,通过抽取图形不同部位的图案进行单笔工艺参数的设定,实现不同部位雕刻的粗细不同,深度不同,程度不同的效果。激光制作版画可解决目前人工雕刻模板成本高,精度差,耗时长的问题。同时激光制作版画对古画的仿制也提供了很大的便利。

作品背后的故事:

本项目的工作是在导师陈继民教授的悉心指导下完成的。在板材雕刻及印刷过程中遇到了各种各样的问题,例如某部分功率过大导致的木版燃烧、图形过于精细抽图困难,等等。但在团队成员的帮助下都顺利地解决了。通过这次的作品制作,增进了大家的感情,掌握了激光加工的技能,锻炼了团队的协作能力。

设计人:窦阳(S201413039)、王颖(S201413037)、李东方(S201413070)、杨继峰(S201413069)、尚奕彤(S201401031)

作品图片:

5.24 皮下脂肪厚度测量仪

所在学院:生命科学与生物工程学院

作品名称:皮下脂肪厚度测量仪

指导教师:郝冬梅

展品编号:2015 – ECAST – 049

作品摘要:

脂肪含量对于人体而言是一项非常重要的健康指标,因此,设计一种适用于日常生活中皮下脂肪厚度测量的装置,既能满足检测脂肪含量的健康需求,又能满足健身、减肥者的特殊需求。

作品原理及特点:

测量皮下脂肪厚度不仅能提供脂肪检测手段以减小肥胖相关疾病的发生概率,还能满足现代人保持健康体形的需求。由此可见,开发一种简单有效的适用于广大群众的人体皮下脂肪厚度的测量仪器有很重要的意义。

作品背后的故事:

创作过程中,单片机调试遇到了比较多的问题,组员积极合作,认真学习,翻阅大量相关书籍,最终完成整体功能的实现和整体样机的制作。

设计人:金鎏(S201415046)、周亚男(S201215039)、刘智挥(S201415052)

作品图片:

5.25　血压脉搏无创检测装置

所在学院:生命科学与生物工程学院

作品名称:血压脉搏无创检测装置

指导教师:乔爱科

展品编号:2015 – ECAST – 050

作品摘要:

通过 USB 集线器集成四个脉搏波模块和四个血压模块的硬件设备情况下,进行应用软件开发。设计了一种可以同步检测四肢血压和脉搏波的软件系统,可以配合硬件集成装置进行血压脉搏数据的采集,设计出一种可测量四肢血压脉搏数据无创检测装置。

作品原理及特点:

旨在实现四个血压模块、四个脉搏波模块的集成,完成四肢血压脉搏数据无创检测装置的设计与开发,使仪器国产化,降低成本,有利于仪器普及,以便于结合非线性脉搏波理论算法对心血管疾病进行早期的诊断和预测。波形截取、插值算法、波形相似度问题。截取选择最低点进行判断,算法自行设计;截取之后进行插值算法,保证波形点数相同,算法自行设计;波形正确之后,进行波形平均,以及波形的相似度比较,进而判断仪器操作的正确性。

作品背后的故事:

创作过程中,单片机调试遇到了比较多的问题,组员积极合作,认真学习,翻阅大量相关书籍,最后完成整体功能的实现和整体样机的制作。

设计人:杜国伟(S201215060)、宋晓瑞(B201315009)、彭坤(S201315043)、李高阳(S201415051)

作品图片:

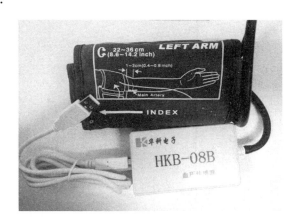

5.26 一种可同时采集脉搏波与测量血压的系统

所在学院:生命科学与生物工程学院

作品名称:一种可同时采集脉搏波与测量血压的系统

指导教师:杨琳

展品编号:2015 – ECAST – 051

作品摘要：

本项目主要完成一种便携式的脉搏波与血压采集系统,该系统在使用传统的示波法计算出收缩压与舒张压的同时,利用气压传感器对压力脉搏波信号进行采集,省去了专门用于采集压力脉搏波的压力传感器,减小了系统的体积与复杂程度。

作品原理及特点：

脉搏波是一种评估人体心血管状态的常规手段,然而对于多数的心血管参数而言,往往需要人体的血压值与脉搏波相结合才能得到。本课题选择只使用气压传感器结合示波法原理同时采集脉搏波与测量血压值,与传统方法不同。

作品背后的故事：

本作品所采用的测量血压的方法虽然与传统的电子血压计相同,但在细节上却有着些许不同,因此在如何能够准确地找到脉搏波采集点的问题上难倒了课题组,最后经过讨论,也只对该问题进行了初步解决。

设计人：吴文杰（S201415030）、李广飞（S201415034）、池臻帙（S201415044）

作品图片：

5. 27 基于树莓派的智能家居控制系统

所在学院：软件学院

作品名称：基于树莓派的智能家居控制系统

指导教师:邵勇

展品编号:2015 – ECAST – 052

作品摘要:

一款基于树莓派的智能家居控制系统,目前的智能家居产品只是实现简单的远程控制系统。我们励志做到的是真正的智能家居,实现继电器的智能联动控制,目前在进行产品包装与外观设计工作。

作品原理及特点:

一款基于树莓派的智能家居控制系统,目前的智能家居产品只是实现简单的远程控制系统。我们励志做到的是真正的智能家居,当前实现的是继电器与舵机的智能联动控制,未来会陆续引入 APP 控制,温湿度传感、监控摄像头等模块的功能。

作品背后的故事:

因为是小团队独立开发,一直处于边学边做的状态,在开发过程中遇到了许多硬件方面的问题,得到了身边朋友的帮助。虽然是一个很小的项目,但对于我们来说,这个项目的过程要比结果重要得多。

设计人:张宇(12080214)、王凯旋(12080102)

作品图片:

5.28 云平台下虚拟社区服务平台的设计与开发

所在学院:软件学院

作品名称:云平台下虚拟社区服务平台的设计与开发

指导教师：石宇良、邵勇

展品编号：2015 – ECAST – 053

作品摘要：

我们所开发的作品是基于云平台的一款虚拟社区软件，客户端加载百度地图，连接云平台服务器，获取并且显示好友位置，通过按钮转换功能，在地图中显示状态墙。我们还开发消息通知功能，用户通过登陆发送消息网站，发送给接收人，方便学校或者公司团体接收消息。

作品原理及特点：

我们通过问卷调查等方式发现，在这个网络时代，每个人之间的联系越来越少，人们越来越依赖虚拟世界，我们利用平云台和 Android 平台构建一个功能强大的虚拟社区，在这个社区中，每个用户都可以看到好友的位置和好友的最新状态。同时，我们服务器搭建在云平台，利用新生的云平台技术作为项目创新点。

作品背后的故事：

我们的开发作品致力于开发一个真正的虚拟社区，尽可能地缩小人与人之间的距离，方便社区内每个用户之间的交流。我们的团队全部来自软件学院，各有所长，每个人都有自己的工作，我们花费了大量开发时间，学习 Android 和云平台技术，为开发出这款虚拟社区平台耗费了很多精力。

设计人：付豪（12080212）、闫琦（12080105）、王嘉璐（12080211）、徐彦龙（12080219）、陈阳（12081115）

作品图片：

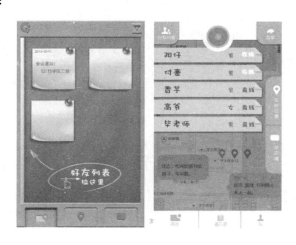

5.29 智慧教学平台——课堂互动系统的设计与实现

所在学院:软件学院

作品名称:智慧教学平台——课堂互动系统的设计与实现

指导教师:廖湖声、邵勇

展品编号:2015 – ECAST – 054

作品摘要:

智慧教学平台——课堂互动系统设计用于实现教师与学生的课堂互动功能,随后扩展出了课下互动功能。使用该平台不仅可以实现课堂互动,还可以在课后建立学生与教师之间的沟通平台,方便了教师和学生对教学资源的使用。

作品原理及特点:

本平台基于 web 开发,使用 Struts2. 1 框架编写,主要实现学生与老师之间的互动。其中课堂互动功能包含自主签到,课堂分组和随机点名功能,课下互动功能包括资源区、讨论区、作业区和测试区四大部分,可以为师生提供较为全面的学习工作平台。

作品背后的故事:

创作该平台是为了方便学生和教师的课堂与课下互动。我在选择开发题目后,和两位同学以及指导老师设计该平台,在编写具体代码过程中遇到了一定困难,但是通过自主学习和 Github 协同开发的方式,我们克服了困难。我相信我们可以通过进一步改进,让这个平台更加有效。

设计人:李志伟(12570219)、吕成(12080203)、徐平平(12570204)

作品图片：

5.30 基于 Unity3D 引擎对独立解谜类游戏的设计

所在学院: 软件学院

作品名称: 基于 Unity3D 引擎对独立解谜类游戏的设计

指导教师: 朱青

展品编号: 2015 – ECAST –055

作品摘要:

我们小组的作品是基于 Unity3D 的独立解谜游戏,是一款应用完全自己设计的故事剧情来引导游戏发展的全新的独立解谜游戏。独创的新颖独特的游戏机制,精美的手绘画面风格,使我们的游戏有不同于以往的全新的游戏体验。

作品原理及特点:

中国目前的同质化移动端游戏已经多不胜数了,当一种类型的游戏火了之后,其他的开发者都跟风模仿。我们的作品的创新点在于全新的故事背景与新型游戏机制,独特的手绘风格游戏画面,应用 3D 建模渲染 2D 动画使人物动作流畅,自己设计的转场特效。

作品背后的故事:

由于解谜游戏的同质化越发严重,创新是这类游戏未来的突破与发展方向。因此我们这些由数字媒体技术专业的学生组建起来一起研究这个突破点。我们各司其职,在遇到困难时一起讨论解决,让我们对于游戏制作有了新认识。

设计人:范晓桐(12081119)、周李琦(12081216)、张一潢(12081213)、刘柳(12081113)、林雨(12044114)

作品图片:

5.31 3D 虚拟试衣间

所在学院:软件学院

作品名称:3D 虚拟试衣间

指导教师:于学军、李蔚然、宋阳

展品编号:2015 – ECAST –057

作品摘要:

通过 Kinect 对人体的图像进行捕捉,动态对捕捉画面进行抠像处理,实现 3D 虚拟试衣的效果,可广泛应用于服装品牌实体店,也可应用于网络购物,各种大型展示活动。

作品原理及特点:

原理主要利用 Kinect 的红外传感器捕捉深度图像,获得人体的虚拟骨骼;

利用 Kinect 的高清摄像头捕捉图像,结合深度图动态地进行抠像处理;在 Unity3D 引擎中将虚拟的服装添加到人体捕捉图像上。

作品背后的故事:

近几年增强现实技术前景十分被看好,所以我们团队萌生了制作这个 3D 虚拟试衣间的想法。在制作过程中遇到了很多服装的适配问题,解决如何让虚拟的服装穿在不同的身材的人身上花费了我们大量的精力。通过组员不断地调试,以及对算法的大幅度改进,我们最终做到了这点。

设计人:刘沄(12081101)、周围(12081218)、贾钰锋(12081205)、郭佩珊(12081107)、沈阳(13081116)

作品图片:

5.32　集约型公共自行车租赁设施设计

所在学院:城市交通学院

作品名称:集约型公共自行车租赁设施设计

指导教师:于泉、严海蓉

展品编号:2015 - ECAST - 063

作品摘要:

本作品面向现有公共自行车租赁设施空间利用率低的问题,能够缓解有限空间下公共自行车使用者人数快速增加所引起的车辆存放容量不足,调度能力有限和因此引起租赁站点车满或无车等现象,进一步提高公共自行车服务能力。

作品原理及特点：

本作品针对现有公共自行车存放设施容量有限、存放空间不足的问题,在保证公共自行车租赁站点原有规模、尺寸,保持车辆设计不变以及与传统车架设计兼容性的基础上,旨在通过合理优化存放空间和有效计算公共自行车存放设施设计尺寸,并在优化设施方案的基础上,运用合理的存取策略,实现对公共租赁自行车的有效存放和获取。创新点:1. 基于空间优化的公共自行车存放模型;2. 基于逻辑判断的公共自行车;3. 兼容多种公共自行车的新型集约型租赁设施的设计军事模型作为模型系列中的重要组成部分。

作品背后的故事：

本团队组建于 2014 年 12 月,针对现有公共自行车存放设施容量有限、存放空间不足的问题,旨在通过合理优化存放空间和有效计算公共自行车存放设施设计尺寸,并在优化设施方案的基础上,运用合理的存取策略,实现对公共租赁自行车的有效存放和获取。在作品制作过程中,三个学院的老师和同学通力合作,克服了跨学院、跨年级、跨专业协调合作的困难。合理分配任务,形成合力共同完成了我们的项目。

设计人：王誉铎（12046116）、黄天伊（12010312）、陈映（12010329）、祁昊（12046114）、黄明明（14080130）

作品图片：

5.33　无人机交通信息采集分析系统

所在学院：城市交通学院

作品名称：无人机交通信息采集分析系统

指导教师：陈艳艳

展品编号：2015 – ECAST – 065

作品摘要：

"无人机交通信息采集分析系统"由交通信息自动采集硬件系统和交通信息智能获取软件两部分组成，系统可实现对广域内全样本车辆行驶行为数据的快速、便捷、精确统计功能。

作品原理及特点：

作品基于目前交通流常规检测方法中所存在的无法同时获取时空域数据、检测场景受限的问题，基于旋翼无人机和软件开发技术，设计了无人机交通信息采集分析系统，以实现对广域内全样本车辆行驶行为数据的功能。

作品背后的故事：

作品的创作目的是为了解决在交通流调查研究中所存在的难以同时获取时空域数据且检测场景受限的目的，团队由北京城市交通协同创新中心立体感知团队部分成员组成，创作过程中遇到了缺乏实验和开发经验的问题，在团队成员的不懈努力下得到了顺利地解决。

设计人：李鑫（S201304146）、冯国臣（S201304139）、韩旺（S201439031）、吴克寒（B201304043）、魏攀一（S201304140）

作品图片：

5.34　绘图机器人

所在学院:樊恭烋学院
作品名称:绘图机器人
指导教师:张新峰、于涌川
展品编号:2015 – ECAST – 067
作品摘要:

本绘图机器人可以通过机械臂实现在纸上绘制图形,包括手绘、素描等方式。用户仅需提供原始图片,甚至只在摄像头前站立,机器人会自动分析图像中的边缘并转化为笔画。它打破了打印机的局限性,并增添了艺术感。

作品原理及特点:

如今,图像绘画正在被打印所取代,并且如果想自己绘画,难度也是不小的。本机器人打破了这一局限性,能够仅让用户提供绘画原稿或照片,机器人便能通过笔画分析算法得出笔画信息,转换为机械臂的运动,从而进行绘画。

作品背后的故事:

作品主要创作目的即为模拟人手进行矢量图形的绘画,还原传统手绘的魅力。团队由 5 个成员构成。项目组成员高锴庚同学有较好的编程基础,为团队提供机器人程序编写支持。项目组成员王思远同学参加过机器人竞赛,对机器人的构造等较为熟悉。项目组的其他成员对设计机器人有较浓的兴趣。在制作机器人的过程中,所有成员都自学了大量的相关知识,激发了大家对学习的热情。

设计人:高锴庚(14024207)、李岩(14090303)、邵文远(14024102)、蒋安桐(14044113)、王思远(14073206)

作品图片：

5.35 实验学院体感与触控展示系统

所在学院： 实验学院

作品名称： 实验学院体感与触控展示系统

指导教师： 郑全英、王光宇

展品编号： 2015 – ECAST – 069

作品摘要：

以体感及触控作为人机交互方式，展示实验学院的历史、文化、校园环境及育人硕果。系统操作方法生趣，展示类型多样，智能交互性良好，并辅以明亮的色彩，轻快的音乐，更为直观、更为震撼、更为立体，可令使用者从影、音、文多方面感受作品所带来的空前视觉与体感盛宴。另外系统对体验者的相貌、年龄、性别等相关信息进行数据采集和分析，管理者后期查看、分析使用者及受众人群提供一手信息资料。

作品原理及特点：

作品可以向社会各界、考生家长、学生展现实验学院的发展历史，校园文化，人文景观、专业建设等信息。涉及的技术有.NET，C#，WPF，KinectSDK，人脸识别，通过体感和触控技术进行交互，增强展示系统全新的感觉，并对体验者的相貌、年龄、性别等相关信息进行数据采集和分析。作品以较强视觉冲击力和震撼力呈现在观众面前。

作品背后的故事：

体感和触控是未来交互的一大发展方向，并且在实际项目中有着非常切实的用途。团队 3 名成员来自实验学院 11 级计算机科学与技术专业（中法班）。作品开发过程中遇到了很多意想不到的困难，例如兼容性、识别的精准度、视角变换误差等。通过大量的资料查询，一遍遍的尝试性试验以及老师的帮助，一步步地解决各种问题。作品完成我们在享受成就的同时，深感团队协作能力和学习能力的重要，以及要敢于面对困难、勇于探索的精神。

设计人：王惠杰（11521103）、宋艺（11521223）、杨浩然（11521129）

作品图片：

5.36　基于树莓派的人形机器人

所在学院：实验学院

作品名称：基于树莓派的人形机器人

指导教师：刘旭东

展品编号：2015 – ECAST – 122

作品摘要：

作品通过树莓派对多个数字舵机同时进行角度控制，完成诸如：迈步、下蹲、站立、跨步等一系列简单的类人动作。

作品原理及特点：

选择以树莓派作为主控的主要原因在于树莓派低廉的价格以及电脑级别的处理速度，类人机器人的难点在于硬件部分的拼装架构以及软件部分的同时对舵机进行多线程控制。本作品通过树莓派获取当前舵机状态并进行基于迈步、下蹲、站立、跨步等一系列基本动作进行舵机的控制。完成要求动作。

作品背后的故事：

此类人机器人创作目的在于为实现大型类人机器人动作进行样本数据资料采集，团队组建共2人。创作过程中树莓派曾多次数据丢失并且外接电路曾短路导致树莓派几乎烧毁，后对树莓派进行数据恢复并备份防止再次丢失。进过此次创作，我们深刻理解了团队合作的重要以及自主研发的乐趣。

设计人：梁佳兴（13521207）、刘一迪（13521231）

作品图片：

5.37 "实验新星"号新能源赛车

所在学院：实验学院

作品名称："实验新星"号新能源赛车

指导教师：郭瑞莲、刘小冬

展品编号：2015 – ECAST – 123

作品摘要：

为进一步激发学生的学习兴趣，培养学生的创新意识、创造能力及创业精神，北京工业大学实验学院机电系特组建了"节能车创新团队"，本团队成员均为在校大学生，团队由一名队长和一名车手及三名机械师组成。自团队组建以来，围绕着此件作品，从图形设计到组件加工，到整车组装调试，到最后的熟练驾驶，每一个环节，都凝聚着团队成员的汗水。此次作品，节能车创新团队在车身设计上力求新颖,以更好展示车内装置,并有效降低整车重量,从而期待跑出更好的成绩。

作品原理及特点:

国家目前提倡新能源汽车,此作品的诞生意味着我们在用实际行动为祖国的蓝天奉献自己的力量。作品车辆采用前二后一轮的底盘设计、无纹赛车轮胎、采用太阳能等新能源为汽车提供动力来源。形体美观,流畅,车身设计小巧玲珑且流水线好。主要数据(长/宽/高):2000mm/800mm/60mm;轴距:1500mm;轮距:750mm;车重:48kg;最高时速:>25km/h;驱动形式:前2转向轮(20寸),后1驱动轮(20寸);链条驱动车架:管式钢铁车架。

作品背后的故事:

此作品由机电工程系郭瑞莲老师、刘小冬老师带领四名学生组成"实验新星"车队代表北京工业大学参加此次大赛。通过机械师和车手的共同努力,制作出本次作品。本次参赛的"实验新星"赛车历经队员们的调研分析、方案论证、图纸设计、零件加工、车辆组装到最后的整车调试,在整车的轻量化上表现突出。制作过程中,整车凝聚了全队人员的汗水,队员们克服技术障碍、提出新颖设计理念、改变传统观念,展现出了当代大学生的风采。实验学院"节能竞技车"一系列的活动,对实验学院大学生科技创新能力起到了良好的宣传效果,更好地体现了学院"课堂所学+实验室操作+科技创新"这一教学理念,进一步拓展了我学院对外联络窗口,展示了我学院致力于创新人才培养的成果。

设计人:张心愿(11520107)、张明禹(13520103)、崔明辰(13641226)、阮文豪(13520119)、孙浩然(13520106)

作品图片:

5.38 物联网空气净化系统

所在学院:经济与管理学院
作品名称:物联网空气净化系统
指导教师:赵立祥、常宇
展品编号:2015 – ECAST – 070
作品摘要:

本产品不同于以往单一的空气净化器,而是专门为"一室一台"整体净化方案进行设计与开发的空气净化系统。

作品原理及特点:

市面上的单一空气净化器存在着工作范围小,整体净化效果不佳的问题。往往需要用户购买多台搭配或者机随人走来使用。针对这一问题,我们提出了"一室一台"的整体净化方案,如同电脑的单核与多核处理器一样,将使用单台大功率净化器的思路转变为使用多台小功率净化器,以获得更高的效率。在此基础上融入物联网技术,用户可以一键操作整个净化系统并查看室内空气质量分布。另外净化器还采用无需耗材的水净化技术,大幅节约使用成本。同时为了方便消费者的使用,净化器采用手势识别进行操控,并具有更加安全的独立待机模式。

作品背后的故事:

本项目是由经管学院、生命学院和艺术设计学院联合创作,生命学院主力研发,艺术设计学院负责外观设计,经管学院主力推广的一款"物联网空气净化系统"。在空气污染日益严重、居民生活水平逐步提高的大背景下,本团队提出一种不同于以往单一空气净化器净化的新思路。它以多台空气净化器和传感器组合的方式形成空气净化系统,通过物联网技术,传感器与净化器将会自动组成一体,共享数据,通过主机进行数值计算,功耗管理。解决传统空气净化器只能净化某一单一空间的问题,并形成基于物联网的温湿度、空气质量的一体化自动调节系统,希望以净化系统的形式达到高效、全面净化并且最大程度的节约能源的目的。

设计人:张瑜筱丹(12113128)、王红利(13114117)、仰若水(13101105)、祝敏佳(12101128)、李倩岚(12101126)

作品图片：

5. 39　延展型多功能中心盘"宴"

所在学院：经济与管理学院

作品名称：延展型多功能中心盘"宴"

指导教师：刘晓燕

展品编号：2015 – ECAST – 071

作品摘要：

本产品可有效改善中餐厅经常出现的餐具杂乱不稳定重叠放置的情况,减小餐具因放置不稳造成的滑落危险的同时,又增加了餐厅桌面的整洁度与美观度。

作品原理及特点：

本实用新型涉及一种延展型多功能中心盘,包括中心盘和中心盘支架,所述中心盘支架环绕并架起中心盘,还设置有附加盘框架和附加盘,所述中心盘支架通过支架连接件与附加盘框架连接,所述附加盘置于附加盘支架上端。相对现有技术,本实用新型能自主在水平和垂直两个方向进行一定的延展,充分利用餐桌空间,使餐桌更加美观。

作品背后的故事：

随着人民生活水平的提高,聚会餐饮已经是一种相对普遍的形式,许多酒店中都设有餐桌,但这种餐桌空间有限且重心不稳,容易导致进餐过程中夹菜不便、桌子摇晃、餐具重叠重心不稳造成滑落等问题,因此设计一种延展型多功能中心盘解决此问题。

设计人:杜济舟(13110124)、赵东茹(13114127)、郭玲(13114128)、崔小艺(13114118)、张雨霏(13114115)

作品图片:

5.40 基于微生物的全自动厨余垃圾处理系统

所在学院:经济与管理学院

作品名称:基于微生物的全自动厨余垃圾处理系统

指导教师:刘敏蕾

展品编号:2015 – ECAST – 072

作品摘要:

我们设计一种可以进行无公害化,又简单易操作的厨余垃圾回收系统。可以将厨余垃圾转化为肥料从而进行二次利用。

作品原理及特点:

厨余垃圾是家庭、宾馆、饭店及机关企事业等饮食单位抛弃的剩余饭菜的统称。据此,我们想设计一种可以进行无公害化,又简单易操作的厨余垃圾回收系统。可以将厨余垃圾转化为肥料从而进行二次利用。

作品背后的故事:

本课题为创新科技发明,研究以做出实物为最终目的。研究思路主要是,以相关书籍为理论指导,以创新精神为支柱,以实际操作为实现手段,为达成最终目标创造有利条件。在结题时,完成项目目标。

设计人:王翰雄(12118107)、李汉尧(12610125)、张弛(12021206)、张安琦(13110201)

作品图片:

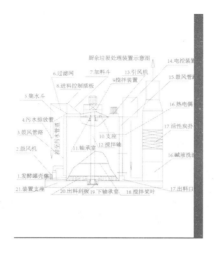

5.41 盈翼

所在学院:建筑工程学院

作品名称:盈翼

指导教师:贾俊峰

展品编号:2015 - ECAST -081

作品摘要:

本设计立足于三元桥区位特点,以打造具有现代感的"城市新门"为出发点。引入飞翔意象,以向外倾斜的拱结构给人以腾飞的视觉体验,隐喻了正在蓬勃发展的北京。

作品原理及特点:

根据三元桥实际情况,打造出现代化桥梁,实现结构创新、受力合理、桥梁美学完美融合。使改造后的桥梁在满足交通的主要功能基础上更兼具景观功能,像一座雕塑一样矗立在北京城的新入口,彰显北京城市个性及文化。

作品背后的故事:

以实际工程为背景,提高创新能力,培养团队合作意识为目的,我们几位同学组建了希望之翼组合,在老师的帮助下解决了许多理论知识,最终成功创作,我们收获了许多。

设计人：刘猛（12040520）、任明哲（12040517）、张垒（12040214）、任凯（12040107）、朱仁杰（12121205）、汤欣达（12040215）

作品图片：

5.42　生命之露

所在学院：建筑工程学院

作品名称：生命之露

指导教师：孙国军

展品编号：2015 – ECAST – 082

作品摘要：

我们旨在为通辽市设计一座地标性建筑——造型简单，但不失优美。造型灵感来源于水滴与水滴之间相融的状态。清晨的露水象征着青少年，建筑造型即取义于露水与露水间相融瞬间的样态，象征着青少年们紧紧围绕在知识的周围，将综合体的功能分为三部分：展览区、青少年活动区、公众服务区。明确的功能分区使得游人的流线也清晰明确，同时也由此产生了三个建筑体量，使得建筑形体产生于功能，整个建筑富有逻辑。

作品原理及特点：

本次比赛结构设计部分：上部结构分为三个网壳体系和三个单层马鞍形网架体系，网壳体系中的大馆为弦支穹顶，布置两圈环索，中馆为网壳为凯威特带肋局部双层网壳，小馆网壳为联方型单层网壳。三馆两两通过单层马鞍形网架相连接。

作品背后的故事：

在比赛准备中,我们分工明确的同时又紧密相连,将建筑与结构融为一体;正如校训"不息为体、日新为道",我们借鉴传统的精髓,又融合独特的创造力;我们遇到太多困难,有过难过、有过发泄,却没有气馁、放弃,在老师的指导、团队的奋斗努力,逐一排查解决,不断提升团队和个人的能力,这支活力十足的90后像利剑一样披荆斩麻为生命之露参赛队冲出通往胜利的道路!

设计人：高明(12061129)、苏黎君(12040430)、彭浪(12024131)、张正(12121234)、张静怡(12043223)、王子源(12121210)

作品图片：

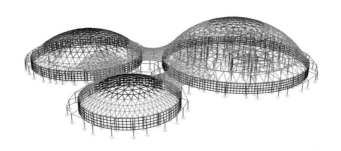

5.43 VO2 薄膜的制备及其智能光控特性的研究

所在学院：材料科学与工程学院

作品名称：VO2 薄膜的制备及其智能光控特性的研究

指导教师：严辉

展品编号：2015 – ECAST – 091

作品摘要：

自 F. J. Morin 于 1959 年发现 VO2 薄膜具有相变特性以来,VO2 薄膜便引起了极大的关注。VO2 薄膜可在金属与半导体之间发生可逆的相变,相变前后,薄膜晶体结构由单斜晶相变为金红石型,相变前后薄膜的电导率、磁化率、光吸收、折射率、比热容等性质发生突变。利用这些性质的突变,VO2 薄膜可以被广泛应用到军事、民用等各方面。

作品原理及特点：

迫于能源短缺的压力，目前世界各国都十分注重建筑节能。当前中国建筑能耗占社会总能耗的 27% 左右。建筑能耗中，玻璃门窗的能耗占到全部建筑能耗的 40% ~ 50% ，因此窗户的节能是建筑节能中需要重点解决的问题，VO2 是一种具有相变特性的功能材料，在低温半导体相到高温金属相的转变过程中，光谱透过率在可见光区（380 纳米 < K < 760 纳米）变化不大，但在红外光区（K > 760 纳米）变化明显，由低温时的透明态转变为高温时的高反射态，特别在 K > 2500 纳米后，红外光线基本不能透过。本作品通过适宜大批量，成本低的合成工艺 sol – gel 制备了具有优良性能的 VO2 玻璃薄膜。

作品背后的故事：

在实验过程中由于实验条件的不完善使得合成工艺开始并不是非常完整，所以需要购置各种所需品；后面制备的样品存在各种质量问题，需要通过论文查阅和实验探索逐渐改善；在测试方面也存在设备没有配套设施，因此自己搭建设备平台也是理所应当。在实验过程中各种问题都可能出现，这需要我们不断坚持和克服。从中我们也学会了很多生活中所不容易学到的一些必备知识。

设计人： 周开岭（S201409049）、王斌（S201409051）、左哲伟（S201409050）、杜涛（S201409048）、蔡文冉（S201409073）

作品图片：

5.44 GaN 纳米线

所在学院:材料科学与工程学院

作品名称:GaN 纳米线

指导教师:王如志

展品编号:2015 – ECAST – 092

作品摘要:

小小的 Si 片上承载的是近几十年来半导体产业中的新星,诺贝尔奖的宠儿——氮化镓。我们的作品主要是探索应用等离子增强化学气相沉积系统在 Si 片上制备出不同直径的 GaN 纳米线,并研究纳米线尺度结构对其光学性能的影响。

作品原理及特点:

GaN 作为一种重要的第三代半导体材料,研究其纳米线的制备和物理性能,不仅可以深入认识其新的物理特性,如量子尺寸效应,而且可以为将来制备纳米器件提供技术储备。GaN 纳米线能够在很大程度上改善蓝/绿光和紫外光电器件的性能。

作品背后的故事:

GaN 作为一种重要的第三代半导体材料,研究其纳米线的制备和物理性能,不仅可以深入认识其新的物理特性,如量子尺寸效应,而且可以为将来制备纳米器件提供技术储备。GaN 纳米线能够在很大程度上改善蓝/绿光和紫外光电器件的性能。

设计人:沈震(S201409093)、李亚楠(S201409065)、苏超华(S201309059)、赵军伟(S201209044)、明帮铭(B201409019)

作品图片:

5.45 微纳结构刻蚀玻璃

所在学院:材料科学与工程学院

作品名称:微纳结构刻蚀玻璃

指导教师:王波

展品编号:2015 - ECAST - 093

作品摘要:

采用反应离子气相刻蚀、碱性液相刻蚀和氢氟酸液相刻蚀等方法,对硼硅玻璃进行刻蚀,从而提高其透过率及自清洁性能。

作品原理及特点:

对于太阳能电池上的盖板玻璃,表面反射使其产生一定量的光能损失。同时,目前恶劣的雾霾环境下,太阳能应用器件的长期露天放置,将导致盖板玻璃表面粉尘污染物的覆盖并严重影响透光效率。因此,通过表面改性,开展表面显微结构设计,提高表面的结构减反射性能,增强表面自清洁特性,对于提升太阳能系统的光能利用效率以及节约清洗成本具有重要意义。

作品背后的故事:

本项目将主要采用微纳刻蚀的方法,研究玻璃表面显微结构对减少光的反射率及自清洁性能的影响规律,从对改善太阳能玻璃表面综合性能提供显微结构优化设计原则。在最初采用的是载玻片作为实验样品,但由于载玻片的成分不知和不均匀,导致前期实验不顺利,后来一致决定替换样品,改为硼硅玻璃,实验结果才有所好转。

设计人：王亮（S201409080）、王荷军（S201409138）、孟祥曼（S201409116）

作品图片：

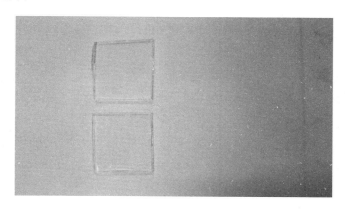

5.46 幼儿园设计

所在学院：建筑与城市规划学院

作品名称：幼儿园设计

指导教师：李艾芳

展品编号：2015 – ECAST – 094

作品摘要：

本设计希望创造一个可以让幼儿感受空间（独特的六边形），感觉色彩（白色、木色、红、黄、蓝），感悟自然（光照充足的草坪活动区域）的幼儿园。

作品背后的故事：

在创作初期，实地调研阶段，我发现目前的幼儿园有着诸多的不合理之处，比如台阶过高等，在与国外的作品比较后我认为我国大多数幼儿园设计的细节考虑欠佳，在最基本的儿童尺度问题上处理得并不好，更不用说空间、环境的营造了。因此，在整个设计过程，我尤为注意这些建筑中的细节。

设计人：綦绩（13121110）

作品图片：

5.47 幼儿园设计——蓓蕾

所在学院：建筑与城市规划学院
作品名称：幼儿园设计——蓓蕾
指导教师：杨红
展品编号：2015 – ECAST – 095
作品摘要：

基于创造幼儿启发性的成长环境而做出的设计，在考虑建筑设计规则的基础上创造一个独特的，充满探索意味的学习、生活环境，让幼儿能够在此度过一个美好的童年。

作品原理及特点：

二年级大作业旨在实现环境与建筑的结合，从而来创造一个有着独特空间体验的成长空间，并在方正的面积里将实用和有趣同时展现。

作品背后的故事：

在反复斟酌建筑形体、功能安排"环境布置"立面设计之后得出了一个完整的建筑形体，用方形为母题，用分割来实现不同功能单元的布置。

设计人：张怡璇（13121129）

作品图片：

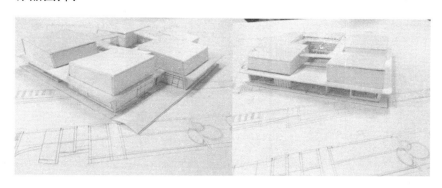

5.48　幼儿园设计——纸风车

所在学院：建筑与城市规划学院

作品名称：幼儿园设计——纸风车

指导教师：王珊

展品编号：2015 – ECAST – 096

作品摘要：

北方六班幼儿园的设计，主要构想来自风车。

作品原理及特点：

幼儿园基地位于通州区司辛庄路，西侧是社区活动中心，周边为拟建小区。我们针对周围环境进行了分析，并充分考虑到孩子的心理感受和空间丰富性，积极地探讨复式幼儿园存在的可能性并优化复式的功能。

作品背后的故事：

创作过程中进行了反复的比较、优化，得出了最后的设计结果。

设计人：祁美蕙（13121122）

作品图片:

5.49 幼儿园设计

所在学院:建筑与城市规划学院

作品名称:幼儿园设计

指导教师:王珊

展品编号:2015 - ECAST - 097

作品摘要:

北方六班幼儿园设计,为了与前期设计的社区服务中心相统一,幼儿园设计也以曲线为基本构想。

作品原理及特点:

在满足功能需求的前提下,我根据基本要求设置了四个基本体块,为了满足采光要求,将每一个蛋形体块的中心都设置了采光井,既丰富了空间又给予孩子们更多的空间感受。

作品背后的故事:

为了优化方案,做了三四个草模进行比较。

设计人:汪子京(13121120)

作品图片:

5.50　参数化挎包设计

所在学院:艺术设计学院

作品名称:参数化挎包设计

指导教师:孙大力

展品编号:2015 – ECAST – 099

作品摘要:

通过独特的仿生结构设计和参数化影响,让3D打印 pla 生物降解塑料制成的挎包像真正的织物一样自由摇摆,最大限度地使 3D 打印塑料挎包质地贴近普通布料。整个挎包耗时 22 个小时,由 1027 个不同构建组成。

作品原理及特点:

我把放射虫作为一个有机整体来研究,通过全面的观察和分析,从其外观形态及结构中提炼出特有的本质特征,寻找放射虫的生物体与外部环境之间的联系,进而研究放射虫与挎包的相似之处求取最佳的解决方案。

作品背后的故事:

我进行了大量的打印实验来检测我设计的结构的合理性,对于最理想的结构来说,铰链与组件的大小关系及合适的间距是保持其灵活活动的重要数据,我通过不断地调整各项数值和打印测试来确定这些数值的范围。

设计人:崔强(11160212)

作品图片：

5.51　羊年主题形象设计及应用推广

所在学院：艺术设计学院

作品名称：羊年主题形象设计及应用推广

指导教师：司小军

展品编号：2015 – ECAST – 103

作品摘要：

十二生肖是中华民族特有的文化现象，生肖承载着各种传奇与神话，独具特色的形态亦深受华夏儿女喜爱，是寄托情感的艺术语言。如何让生肖形象现代化是我这次毕业设计的一次探索，对羊做一个全方位的分解与翻新，设计一套充满活力的羊作品。

作品原理及特点：

羊的个性深受人们喜爱，吉祥的羊文化蕴含了民族传统思维观念。毕设中展示出了不同的羊给我们带来的不同吉祥含义。羊系列招贴的六张海报中都赋予了不同的吉祥含义。中国化的设计不仅体现在招贴的寓意中，在版式的留白、色彩的搭配中也有所传达。用不同的色系代表一个主题，并且融入不同类型的羊。画面中心的主图形为圆形，"破圆"让画面产生更多空间的同时不失去整体的框架。"圆内"是设计，"圆外"仍是设计。

作品背后的故事：

我的设计是在司小军老师指导下完成的，从选题到最终完成，过程艰难，图形的创作、羊吉祥寓意的选取、色彩的搭配等方面都是需要推敲的。在这个过程中司老师在专业上给予了很多的指导与帮助，在此，对我的导师表示由衷的感谢！

设计人：贾茹（11160413）

作品图片：

5.52　仿佛所有人都在笑

所在学院：艺术设计学院

作品名称：仿佛所有人都在笑

指导教师：王文娟

展品编号：2015 – ECAST – 104

作品摘要：

我尝试用服装语言描述一个被信息干扰，并逐渐失去常识与自我感受的"呆子"形象。面对信息时代与社交网络带来的如此纷繁的选择，他不知道什么是适合自己的，也不知该如何做出决定。失去自我，随波逐流，慵懒而颓废。

作品原理及特点：

为塑造极端的一个因缺乏常识与判断力以致对服装没有常识认知的"呆子"形象，我深入地研究了非常规穿着方式，运用现有服装在人体与人台上进行穿搭实验，从服装本身所具有的结构出发来确定服装的结构设计。

作品背后的故事：

此次研究是对常规穿着方式与社会对角色的固有印象的挑战。重新审视生活一切事物的定义，是设计师最应具备的素质之一，保持着质疑的态度观察生活，发现问题，并尝试给出个人的解方案，这也是我理解到的设计真谛。

设计人：孙硕（11161506）

作品图片：

5.53　Titled

所在学院：艺术设计学院

作品名称：Titled

指导教师：王丹

展品编号：2015 – ECAST – 105

作品摘要：

通过古典音乐，实拍的真实景色和富有节奏的单色图形动效的结合来表达情绪。

作品原理及特点：

实拍和特效结合，用单色与抽象图形表达情绪。灵感来自极端负面情绪下对自己存在感的思考。我们太需要对自己进行重新审视,知道自己是谁,从哪来,然后再真正从容地决定要往哪去。大部分人终其一生也无法了解自己,但人应该不断地了解和探求真正的自己。

作品背后的故事:

该作品的创作过程之于负面情绪是一种释放,没什么能比浸泡在创作中更有快感的了。情到深处,没有困难。

设计人: 王立辰(11161515)

作品图片:

5.54 艺术设计在跨界领域中的融合
——情感化机器人设计

所在学院: 艺术设计学院

作品名称: 艺术设计在跨界领域中的融合——情感化机器人设计

指导教师: 孙大力

展品编号: 2015 – ECAST – 107

作品摘要:

本课题主要从两方面展开设计实验过程:一是艺术设计在结构中的应用与结合;二是在技术及加工工艺满足的基础上,应用现代技术手段,研究造型艺术形态的再现及转换,达到情感诉求。综合工艺美术学、形态学、人体工程学、情感设计等学科知识,设计探讨艺术设计在跨界领域中的应用。

作品原理及特点：

智能机器人在如今乃至未来必然是人类需求的达成者，但是，在已关注技术与工艺为重点的初期阶段，虽然满足了单纯功能需求，但在造型语言及审美方向上却大大缺失。对其要求和标准也在逐渐细致与提高，跨界设计与整合是十分必要与迫切的。创新点：具有现代情感化元素的机器人设计，具有满足功能条件下具有艺术美感的造型设计。

作品背后的故事：

研究目的：1. 艺术设计在结构中的应用与结合；2. 在技术及加工工艺满足的基础上，应用现代技术手段，研究造型艺术形态的再现及转换，达到情感诉求；3. 艺术设计在跨界设计中的可能性。

解决的关键问题：1. 依附已有的科学技术原理与构建，利用形态学，设计几何学等造型方式解决设计形态的研究；2. 艺术设计中的声、光、电等多媒体资源与整合方法，在工业设计的理论指导下的展现形式。

设计人：曹谨（S201435010）、崔向前（S201435005）、王茜（S201435008）、戴欣伟（S201435009）

作品图片：

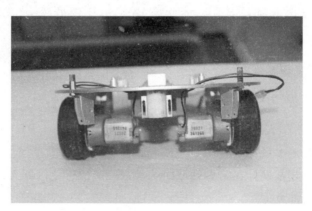

5.55　基于穿戴式双目立体显示的文物展示应用原型

所在学院：艺术设计学院

作品名称：基于穿戴式双目立体显示的文物展示应用原型

指导教师：吴伟和

展品编号：2015 – ECAST – 108

作品摘要：

作品是基于穿戴式双目立体显示的文物模型展示的应用原型，用户将预装了本应用的手机放入我们自制的虚拟现实眼镜中，通过眼镜能看到立体的文物模型，并通过头部的旋转控制文物的展示角度，拉近用户与文物的距离，达到更好的展示效果。

作品原理及特点：

由于人两眼间有 4～6cm 的距离，所以实际上看物体时两只眼睛中的图像是有差别的，两幅不同的图像输送到大脑后，感知到的是有景深的图像。作品从立体成像原理出发，针对文物展示的需求，开发应用原型。本项目的研究将为展览展示等文化创意领域带来全新的应用形式。

作品背后的故事：

立体图像作品有强大无限的生命力，是很有发展前景的研究方向。新的技术往往会激发出新的设计灵感，通过本次项目，我们学习了很多知识，因为项目仍在进行中，还存在很多问题，希望研究结果能对该领域存在的不足做出相应的改善并应用于实际生活。

设 计 人：张 文 丽（S201435012）、杜 玮 宁（S201435007）、陈 思 羽（S201335012）、朱琳（S201335013）、马家骏（S201325053）

作品图片：

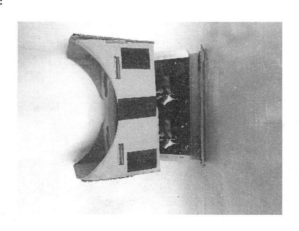

5.56　智能扫地机

所在学院:集成电路工程产学研联合培养研究生基地

作品名称:智能扫地机

指导教师:冯士维、韩智毅

展品编号:2015 - ECAST - 109

作品摘要:

智能扫地机是当今流行的智能家电,凭借一定的人工智能,可实现地面自动清理。具有防碰撞检测,多种清扫模式切换,离地和跌落检测,预约清扫,尘满提醒,超长续航,智能返航回充,语音提示等功能。

作品原理及特点:

智能扫地机由本团队在华芯微特公司指导下,利用自主研发的 SWM1000S 芯片,凭借其 32 位高性能、低功耗和 UART、PWM、ADC、GPIO、TIMER、SPI、I2C 等模块的设计实现了智能扫地机的手机遥控、自动回充算法、防碰撞系统等多种实用功能于一身。

作品背后的故事:

随着白色家电在人们生活中的地位愈加显著,智能扫地机的出现进一步改善了人们的生活质量。本团队由两名在校集成电路设计专业研究生及华芯微特公司组成,凭借对 IC 的兴趣和在公司实习的机会,完成对产品的设计开发。

设计人:马超(S201302219)、李世伟(S201302221)

作品图片:

5.57　SWM1500 芯片

所在学院:集成电路工程产学研联合培养研究生基地

作品名称:SWM1500 芯片

指导教师:郭春生、韩智毅

展品编号:2015 - ECAST - 110

作品摘要:

基于 ARM Cortex - M0 内核设计的片上系统(SOC)器件的功能模块。具有性能高,功耗低,应用领域广等诸多特点。

作品原理及特点:

此款芯片是基于 ARM Cortex - M0 的 32 位微控制器,与传统的 8051 单片机相比较,在价格相近的情况下,保证了高性能,低功耗,低代码密度等优势,芯片内嵌 ARM Cortex - M0 控制器,最高可运行至 50Mhz。适用于工业控制以及白色家电等诸多领域。

作品背后的故事:

同等价格水平下的芯片,为了提高芯片性能,降低功耗,依托北京华芯微特科技有限公司,组建团队设计此款基于 ARM 内核的微控制器。对设计过程中遇到芯片的功能不稳定等困难,认真请教了公司的各位前辈,从中学习到了整个芯片的设计流程,以及遇到问题时的解决办法。

设计人:李世伟(S201302221)、马超(S201302219)

作品图片:

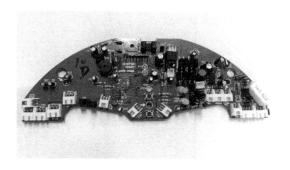

5.58　全景视频采集与个性化分发系统

所在学院:智能电网集成电路产学研联合培养研究生基地

作品名称:全景视频采集与个性化分发系统

指导教师:万培元、王广生

展品编号:2015 – ECAST – 111

作品摘要:

采用360度全景摄像机,实时采集现场全景视频;通过网络及云计算服务,远程客户端可主动选取感兴趣的特定区域实时观看,犹如身临现场;满足了人们渴望"想看哪看哪"的要求和愿望,使用户从被动接受视频转播到准现场、个性化选择视角。

作品原理及特点:

网络高度发达,互联网+蓬勃发展。根据仿生学昆虫复眼原理,采用360度全景摄像机,对当前视频采集、转播进行了变革:从传统被动接受视频转播,转变为"想看哪看哪"的视频现场个性化转播,使人们有身临其境的感觉。

作品背后的故事:

进行视频领域重大变革,使用户从被动接受视频转播到准现场、个性化选择视角。该作品是历经多年、多届学生、老师艰苦努力的结果。克服经费不足、设备较差、人员流动大等困难。唯有持之以恒,才能柳暗花明,取得成果。

设计人:栗明(S201402009)、唐伟豪(12021113)、王悦旻(12024107)

作品图片:

5.59　膜蒸馏实验室纯水机

所在学院：化学工程产学研联合培养研究生基地

作品名称：膜蒸馏实验室纯水机

指导教师：王湛、彭跃莲

展品编号：2015 - ECAST - 116

作品摘要：

该产品为膜蒸馏实验室超纯水机,该产品是通过膜蒸馏、离子交换器、紫外灭菌等方法去除水中所有固体杂质、盐离子、细菌病毒等的水处理装置,出水电阻率可达 18.25 兆欧,该装置可大量应用于医药、电子、化工、生物理化实验室等行业。该产品具有分离效率高、操作条件温和、对膜与原料液间相互作用及膜的机械性能要求不高等优点。

作品原理及特点：

1. 创作背景:自来水不需要预处理,一步生产出实验室超纯水;2. 原理:膜蒸馏(MD)是膜技术与蒸馏过程相结合的膜分离过程,它以疏水微孔膜为介质,在膜两侧蒸气压差的作用下,料液中挥发性组分以蒸气形式透过膜孔,从而实现分离的目的;3. 创新点:原水不需要预处理,经过两次过滤即可生产出超纯水。

作品背后的故事：

1. 创作目的:以更简单节能的方法生产出实验室超纯水;2. 团队组建情况:全部为本实验室硕士及博士生;遇到的困难及解决的办法:该产品产水量偏低,需要增加膜面积;3. 创作体会:世上无难事,只怕有心人。

设计人：张永刚（B201205010）、晋彩兰（S201405047）、路雪梅（S201305045）

作品图片：

5.60　小型平板刮膜器

所在学院:化学工程产学研联合培养研究生基地

作品名称:小型平板刮膜器

指导教师:王湛

展品编号:2015 – ECAST – 117

作品摘要:

研发了一种实验室用小型平板刮膜器,该装置能实现实验室用平板膜的制备。本刮膜器全金属质地,采用水平推拉的方式来刮膜。研究人员可以迅速掌握刮膜要领,制备出性能和重复性好的平板膜。此刮膜器还具有高度可以调节的功能,刮刀高度决定膜的厚度,刮刀的高度由螺旋测微器来精确控制。

作品原理及特点:

目前市售的自动平板刮膜器的成本较高,占地大,操作复杂,手动刮膜器又存在精度低,重复性好的问题。针对这个情况,利用螺旋测微器的高精度,设计了一种能够调节高度的自动平板刮膜器,该刮膜器能够控制刮膜的厚度,刮出的膜的重复性也较好。

作品背后的故事:

该作品的设计初衷便是设计一个成本低、高度可调、重复性好的平板刮膜器。设计的过程中刮刀与螺旋测微器的稳定性是很大的一个问题,经过与老师的讨论,增加了长孔与圆孔以及螺母的相互配合,从而用很低的成本解决了这个问题。

设计人:侯磊

作品图片:

5.61 抗拉拔桥梁摩擦隔震支座

所在学院:土木工程学科产学研联合培养研究生基地

作品名称:抗拉拔桥梁摩擦隔震支座

指导教师:韩强

展品编号:2015 – ECAST – 118

作品摘要:

桥梁支座是桥梁在地震中的薄弱环节,开发出性能稳定、隔震效果好的新型隔震支座是隔震技术的关键问题。基于滑动摩擦隔震原理,自主开发出的新型支座,为桥梁隔震技术提供一种全新的解决方案,具有广泛的应用前景。

作品原理及特点:

该发明基于滑动摩擦隔震支座原理,自主开发出了一种承载能力高、耐久性能好,具有一定的自适应能力,特别是抗拉拔能力强,在强震作用下水平位移幅值大的减隔震支座,以满足对抗震性要求高的桥梁结构减隔震设计。

作品背后的故事:

该发明主要是为强震区的大跨度桥梁减隔震设计提供新的解决方案。理论研究阶段对自己的理论力学,结构力学、有限元等基础课要求较高,自己在研究过程中发现了自己学习中的不足,并对之前所学知识及时进行了巩固。

设计人:温佳年(S201304033)、林亮亮(S201204195)、张强(S201304025)、许紫刚(S201304032)、宋年华(S201304040)

作品图片:

5.62　装配式网格结构套筒节点

所在学院:土木工程学科产学研联合培养研究生基地

作品名称:装配式网格结构套筒节点

指导教师:薛素铎、李雄彦

展品编号:2015 – ECAST – 120

作品摘要:

套筒式节点是基于焊接球节点提出的一种可装配式空间网格结构节点,通过外伸端螺纹可实现节点反复拆卸。该节点具有可工厂预制、加工简单、施工方便、可反复拆卸和承载力可靠的特点,可实现产品规格化、标准化。

作品原理及特点:

为实现空间网格结构装配化,项目组提出套筒式节点,并得到第12届研究生科技基金重点项目支持。项目借鉴机械中螺纹连接形式,将焊接球节点改进,通过螺纹外伸端实现网格结构杆件的空间连接,具有一定的创新性。

作品背后的故事:

项目研究周期已近两年,团队通过数值模拟、公式推导、试验研究等方法,详细研究节点力学性能,不断改进和优化构造。项目使团队成员学会了 ANSYS 软件的应用,巩固了专业知识,锻炼了试验操作技能,锻炼了团队协作能力。

设计人:李思遥(S201304092)、巩同川(S201304093)、张致豪(S201304224)、刘人杰(B201304027)

作品图片:

5.63　一种新型的自复位多重防屈曲支撑

所在学院:土木工程学科产学研联合培养研究生基地

作品名称:一种新型的自复位多重防屈曲支撑

指导教师:韩强

展品编号:2015 - ECAST - 121

作品摘要:

一种新型的自复位多重防屈曲支撑,属于防震减灾技术领域。该支撑主要由"一"字形钢板内芯、内外方形约束钢管、蝶形弹簧、软化钢板、屈服段和连接段构成。

作品原理及特点:

本发明涉及桥梁工程的建设领域,尤其涉及一种新型的防屈曲支撑构件——自复位防屈曲支撑。该支撑可有效控制地震作用下防屈曲支撑构件的最大变形和残余变形,减小结构地震响应。

作品背后的故事:

本发明涉及一种新型的自复位防屈曲支撑,在地震作用下有良好的减震效果和复位功能,该发明是在董慧慧师姐的帮助下完成的。通过对作品的创作,我深刻认识到创新在科研中的重要性,我会秉持创新,严谨的学术作风。

设计人:王晓强(S201404118)、董慧慧(B201304009)

作品图片:

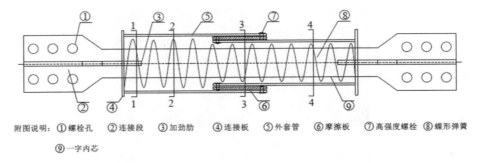

附图说明:①螺栓孔 ②连接段 ③加劲肋 ④连接板 ⑤外套管 ⑥摩擦板 ⑦高强度螺栓 ⑧蝶形弹簧 ⑨一字内芯

5.64　应答式水声数字遥控模块

所在学院:电子信息与控制工程学院

作品名称:应答式水声数字遥控模块

指导教师:王铁流

展品编号:2015 – ECAST – 008

作品摘要:

本作品的目的是完成水声的双向通信。发射机发射信号,接收机接收信号完成解码。完成主从应答通信,水下定位。将军用的水声声呐技术民用化,具有低功耗、低成本、实用性高等特点。

作品原理及特点:

1. 本作品可应用于水下石油管道检测、海洋捕鱼作业,打捞定位、海底电缆维故障修点的标记等领域;2. 水下通过水声信道实现水下通信。具有将军用的水声声呐技术民用化,具有低功耗、低成本、实用性高。

作品背后的故事:

本项目在几代师兄师姐的基础上进一步升级,新一代应答式水声模块的研制也是在 13 级同学的共同协作下完成,每天在忍受水声换能器的刺耳尖叫声环境下调试设备,一遍遍地测试误码率等各项指标,一步步调试断点,付出了汗水和青春。

设计人:刘颖(S201302202)、宋江华(S201302200)、崔佳宁(S20130219)、张梅铠(S201302198)、王睿川(12021025)、尹玮(13020228)、王建宇(14024120)

作品图片:

5.65   太阳能供电式车内温度调节装置

所在学院:环境与能源工程学院
作品名称:太阳能供电式车内温度调节装置
指导教师:张红光、刘敏蕾
展品编号:2015 – ECAST – 019
作品摘要:

车内温度过高或过低时,驾驶员会启动汽车预热,增加了发动机负荷,对发动机造成磨损,也产生燃油消耗。所以研发一套太阳能供电式车内温度调节装置,在汽车停放状态下持续调节车内温度,保持车内温度于舒适范围内,减少燃料消耗及发动机磨损。

作品原理及特点:

1. 本设计的电路是独立的,不用改变原车的电路系统;2. 通过改变电流方向,既能降低车内温度,又能提高车内温度;3. 半导体制冷片两端均采用液体作为热交换介质;4. 太阳能供电系统采用独立模块,可随时收集太阳能。

作品背后的故事:

在探究车内温度调节的过程中,经多方调查后才选定了使用半导体制冷片作为主要工作部件。装置经过了四次重新组合优化的过程,进一步的小型化、集成化并成功装车。在探究过程中提升了团队合作能力和动手能力,受益匪浅。

设计人:尤琦(13053109)、王皓轩(13053102)、金笛(13053105)、王孟元(13053118)

作品图片:

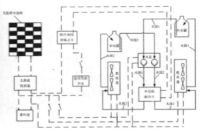

5.66　一种低温 SCR 成型催化剂

所在学院:环境与能源工程学院

作品名称:一种低温 SCR 成型催化剂

指导教师:李坚、何洪、梁文俊

展品编号:2015 – ECAST – 020

作品摘要:

本作品采用挤出成型法制备蜂窝状催化剂,具有脱硝效率高、高活性温度区间大、抗硫性能优越等优点,现已成功应用于低温工业窑炉烟气脱硝,如玻璃窑炉、水泥窑炉、燃气锅炉、焦化窑炉、烧结机等工业窑炉。

作品原理及特点:

SCR 是世界脱硝市场的主流技术。它是向烟气中喷入还原剂 NH_3,在催化剂作用下,与 NO_x 发生氧化还原反应,生成 N_2 和 H_2O,实现烟气无害化目的。本作品在180℃~380℃条件下保持90%以上的脱硝活性,在 2014 年"全国科技活动周暨北京科技周"中获邀展出。

作品背后的故事:

我们团队在何洪教授、李坚教授带领下,组建于 2012 年 10 月,我们分工明确,相互协作,共同研发低温 SCR 催化剂抗硫性能与成型配方。经过不懈努力,研发出适用于工程应用的催化剂,大大提高催化剂低温抗硫性,实现工业化生产。

设计人:梁全明(B201405012)、宋芊千(S201305068)、张铁军(S201405132)

作品图片:

5.67 24 小时制世界时钟

所在学院:应用数理学院

作品名称:24 小时制世界时钟

指导教师:杨旭东

展品编号:2015 – ECAST – 030

作品摘要:

本作品是通过将生活中 12 小时制的表改装成 24 小时制以及用时间盘和时区盘的组合的方法来实现用一个钟表来同时表示世界各地方的时间,从而简化公共场所用一组钟表或者用庞大的电子表来表示世界各地的时间的方式。

作品原理及特点:

1. 创作背景:一些涉外场所使用一组钟表或庞大的电子表来表示世界各地

时间;2. 原理:在 12 小时制的表芯基础上利用齿轮比使时针减速,时间盘代替时针转动;3. 创新点:改变了以往 12 小时制钟表只能表示某地时间的模式。

作品背后的故事:

作品目的为简化用一组钟表或庞大的电子表来表示世界各地时间的方式。作品在制作中遇到了制作材料材质等问题,经过与老师沟通,逐一解决了问题;也锻炼了我们的团队意识与处理事情的能力。

设计人:肖春蕾(13061222)、张钰(13061209)

作品图片:

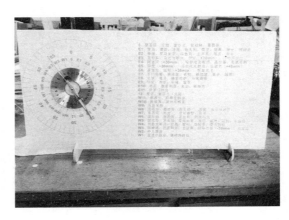

5.68　《艺美童心》系列书籍设计

所在学院:艺术设计学院

作品名称:《艺美童心》系列书籍设计

指导教师:栾良才

展品编号:2015 – ECAST –098

作品摘要:

书籍是了解大千世界并将探索客观的外部世界转化为主观精神世界最有效的桥梁。儿童书籍设计具有独特的功能性和艺术性,对儿童的成长产生重要影响。针对近年来我国儿童美术书籍市场的繁荣和儿童书籍形态的多样化发展。通过毕业设计编辑整理了艺美童心少儿美术相关课程,进一步研究了儿童书籍设计中色彩、插画、装帧等趣味性的表现形式及其对儿童的作用。希望为我国的少儿美术书籍增光添彩。

作品原理及特点：

《艺美童心》系列书籍主要是对个人创业项目艺美童心少儿美术教育中心相关课程进行分类整理、优化丰富。书籍共分为三册，一册是教材书籍《艺美童心——综合创意美术营》，一册为日志书籍《所谓创业，就是用心做事》，一册为绘本书籍《河马妹妹会画画》以艺美童心 LOGO 小河马为原型设计的绘本故事。整套书籍不仅要求内容上精益求精而且也要求在书籍装帧及整体设计上更胜一筹。

作品背后的故事：

在此，感谢我的导师栾良才老师，是他的肯定与鼓励让我坚定自我。感谢闺密们，给我意见与建议并不停地为我打气。感谢小艺和可爱的孩子们，原来和你们在一起时是那么快乐。感谢工大艺设，给我知识、指引和爱。感谢生活。

设计人：吕凯（11161514）、尹博（12160906）、丁小珍（13160918）

作品图片：

5.69 《迷涂》系列当代首饰

所在学院：艺术设计学院

作品名称：《迷涂》系列当代首饰

指导教师：张福文

展品编号:2015 - ECAST -099

作品摘要:

通过系列首饰来表现最真实的我,反映我的内心的九种缺憾,它就是《迷涂》系列首饰。

设计人:韩儒派(11160216)

作品图片:

5.70　汽车造型设计

所在学院:建筑与城市规划学院

作品名称:汽车造型设计

指导教师:刘凯威

展品编号:2015 - ECAST -100

作品摘要:

本次课题是从现有运动汽车的不足之处入手,对运动型汽车的实用性进行改进,对新车型的比例、布局进行综合把控,使其在具有激进外观的同时又具有一定的实用性,让年轻购车者可以在个性得以彰显的同时,享受城市生活。

设计人:孙冠雄(11122118)

作品图片:

5.71　竹木坐具设计

所在学院:建筑与城市规划学院

作品名称:竹木坐具设计

指导教师:刘凯威

展品编号:2015 – ECAST – 101

作品摘要:

一组结合竹、木、钢三种不同材料的中式坐具设计,旨在为人们提供日常家居生活"坐"的舒适体验。

设计人:郑静蓓(11122201)

作品图片:

5.72   家庭阳台智能菜园设计

所在学院:建筑与城市规划学院

作品名称:家庭阳台智能菜园设计

指导教师:胡鸿

展品编号:2015 – ECAST – 102

作品摘要:

该作品是一套智能阳台垂直种植装置,内置水泵及传感器等,能够检测土壤温湿度,通过物联网技术实现远程浇水等操作。同时能接入微信的硬件平台,对菜园进行智能管理以及与好朋友分享种菜的乐趣。

设计人:贾艳红(11122219)

作品图片:

5.73   住宅小区停车系统设计

所在学院:建筑与城市规划学院

作品名称:住宅小区停车系统设计

指导教师:胡鸿

展品编号:2015 – ECAST – 103

作品摘要:

现今许多小区,尤其老旧小区,无法满足住户的停车需求。本作品针对这一问题,以不增加小区内原有停车位为原则,通过对小区周边停车资源的整合协调实现车位最大化利用,来解决住宅小区停车难的问题。

设计人:苏丛栖(11122207)

作品图片:

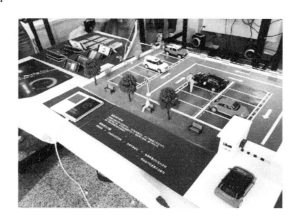

5.74 社区垃圾回收系统设计

所在学院:建筑与城市规划学院

作品名称:社区垃圾回收系统设计

指导教师:胡鸿

展品编号:2015 – ECAST – 104

作品摘要:

社区垃圾回收服务系统是由政府下发政策、企业承担责任,构建社区垃圾回收服务平台及社区垃圾回收档案,将垃圾的生产—转运—回收—处理过程中的责任落实到每个家庭上,通过奖惩机制约束居民的日常行为,培养"垃圾分类回收人人有责"的理念,进而全面推进垃圾源头减量化生产。

设计人:苗雪晴(11122225)

作品图片:

5.75 出行物品携带方式设计

所在学院:建筑与城市规划学院
作品名称:出行物品携带方式设计
指导教师:胡鸿
展品编号:2015 – ECAST – 105
作品摘要:

该项设计为一套全新的行李运输服务系统,由航空公司下属的职能部门提供,由服务人员为用户承担行李运输、代理安检、托运等流程。该设计改变传统的行李携带方式,大大减轻用户的出行负担,改变出行习惯,创造新的生活方式。

设计人:安行健(11122202)
作品图片:

5.76 便携式婴幼儿餐具设计

所在学院:建筑与城市规划学院

作品名称:便携式婴幼儿餐具设计

指导教师:张娟

展品编号:2015 – ECAST – 106

作品摘要:

针对 1~2 岁婴幼儿所设计的方便外出用餐的便携式餐具。外观形状来源于相拥抱的母子。餐具采用 PLA 材质安全无毒,具有存储、保温、便携的功能。

设计人:武佳坤(11122116)

作品图片:

5.77 社交类体验厨房设计

所在学院:建筑与城市规划学院

作品名称:社交类体验厨房设计

指导教师:胡鸿

展品编号:2015 – ECAST – 107

作品摘要:

提供人们可以享受美食制作过程的场所,在过程中人们可以增进相互间的情感交流,通过服务设计的媒介,完善整个服务的流程。

设计人:黄佳鑫(11122209)

作品图片:

5.78　高温宽频介电常数测量系

所在学院:材料科学与工程实训室

作品名称:高温宽频介电常数测量系统

指导教师:王群、唐章宏

展品编号:2015 – ECAST – 109

作品摘要:

　　基于传输反射法基本原理,采用微带线测试材料在高温宽频下的介电常数。根据测试的频率范围和高温测试的散热需求,合理设置微带线夹具尺寸,并设计水冷散热装置。设计制作的测量系统适用于频段范围为 1 – 40GHz 和温度范围为室温 – 1300℃情况下材料介电常数的测量。

作品原理及特点:

　　传输反射法是测试材料介电常数常用的方法。随着微带线制作工艺的完善,将微带线工艺和传输反射法进行有效结合可以实现较宽频带下介电常数测量。其工作原理是:测试放置样品时的 S 参数,依据传输反射法基本原理,添加样品后,通过正向传输和逆向传输两种方式求得的微带线阻抗应相等,因此可以通过迭代法求解样品的介电常数。在传统微带线测量的基础上,通过激光扫描自控加热技术,实现对待测样品的快速升温,使用热电偶准确测量样品温度并反馈给控制系统,实现温度可控。该测试系统能准确测量高温宽频下材料的介电常数。

作品背后的故事:

本次科技创新依托于电磁防护与检测实训室,在实验室导师王群教授和唐章宏副研究员的悉心指导下完成。整个测试过程虽然经历种种磨难,但是最后收货颇丰。目前完成了整个系统的搭建过程,但同时整个系统也需要进一步完善。我将不断开展更加深入的研究,以获得更大的进步。

设计人:王佩佩(S201509135)

作品图片:

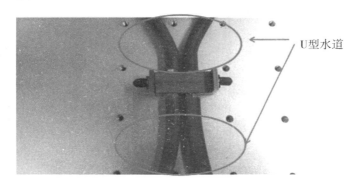

图1　微带线示意图

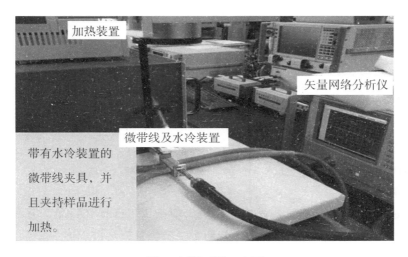

图2　测量系统示意图

第六章

2016 年北京工业大学科技节科技成果

科技成果展中,科技之蓝、文化之蓝、创意之蓝、同砚之蓝、卓越之蓝、创业之蓝六个展区共同绽放,一如既往地成为展示我校师生科技创新成果的大舞台,展现了来自 20 个部院所、6 个工程实训室、6 家校外产学研合作基地的 140 余件实物作品。科技成果展专区除原有的"挑战杯"优秀作品专区、优秀学位论文专区,今年还增设了"故宫学"文化创意作品专区、优秀作品体验区,努力营造科技、人文、艺术相互交融的氛围,以增强互动性、提高育人效果。科技成果展还十分"接地气"地设计了"科技仔 go"互动活动,采用非常流行的 AR 技术,将虚拟与现实相结合,把虚拟的"科技仔"在真实世界中"复活"与参加展览的师生进行互动。

6.1　钢管集束机

所在学院:机械工程与应用电子技术学院
作品名称:钢管集束机
指导教师:王建华
展品编号:2016 – ECAST –001
作品摘要:
钢管集束机是一款主要应用于建筑工地的机电一体化设备。它主要对杂乱堆放的脚手架钢管进行收集和有序堆放。

作品原理及特点:
钢管集束机可在施工现场智能识别散落的钢管并将其收集、整理。钢管集束机分别由底盘、平衡系统、机械手臂三大部分组成。创新点:1. 底盘采用全地形履带;2. 机械手的高灵活性;3. 自动平衡系统保持机体的平衡。

作品背后的故事:

1. 创作灵感来源于学校的建筑施工地上散乱堆放的钢管;2. 团队人员选择有较高的专业素养和创新意识的学生;3. 难题是机械手和平衡系统的建立。

设计人:王炎(13010123)、罗强(13010236)、王帅(13013116)

作品图片:

6.2 苹果达人机

所在学院:机械工程与应用电子技术学院

作品名称:苹果达人机

指导教师:王建华、刘志峰

展品编号:2016 – ECAST – 002

作品摘要:

本文提出并研制一种苹果整理与礼盒制作系统,用于实现苹果的分拣、摆正与装盒。系统共由三大功能模块组成,包括苹果排序模块、苹果装盒模块和礼盒封盖模块。利用该系统,可以实现苹果整理与礼盒制作过程的全自动化,减少人工操作,为"机器换人"提供有效解决方案。该系统也可用于其他水果的整理,具有广阔的市场应用前景。

作品原理及特点:

本机械系统用于散乱堆放的苹果,对其进行一系列的有序整理,实现对不同姿态的散放的苹果进行摆正、装盒和封盖的整理过程。各模块系统相互独立,采用自动化流水作业方式对散乱的苹果进行有序整理和苹果礼盒的制作。

作品背后的故事：

通过文献调研发现，目前已经实现苹果的自动称重与大小分级，能够保证将体积相差不大的苹果分类储存。但是，目前尚未有能够将苹果进行装盒和礼盒包装的系统。因此，本文以苹果的装盒和苹果礼盒的制作作为研究目标，研发一套自动化系统，实现"机器换人"，缓解人工劳动压力的同时提高生产效率，提高企业的效益。

设计人：侯杰然（13010116）、黄一展（13010229）、张月泽（12010119）

作品图片：

6.3　商场衣物整理助手

所在学院：机械工程与应用电子技术学院

作品名称：商场衣物整理助手

指导教师：王建华、刘志峰

展品编号：2016 – ECAST – 003

作品摘要：

卖场助手属于衣物整理类机器人，是在调查了现有各大卖场整理状况以及类似产品生产使用状况的基础上设计出的衣物整理机器人。它弥补了现有衣物整理类机器人的不足，填补市场空缺。作品的设计理念是全自动、模块化，即用一台机器实现衣物拾取、展平、折叠、滚压等一系列的功能。不仅让整理后的衣物平整，又方便了贮存，而且达到让卖场工作更加整齐有序、方便快捷的目标。

作品原理及特点：

各大商场客流量大，售货员需求量大。本作品不仅可以代替工作人员进行工作，而且折叠后的衣物平整紧凑。创新点在于：1. 可以360度空间旋转，工作效率提高，结构更紧凑，既可工作时保持稳定，又可通过滚轮自由移动于卖场；它可以折叠涵盖80%以上的衣物上装，工作范围对象广；2. 抻平机构，伸展机构，滚筒机构全方位保证了衣物折叠的平整性。

作品背后的故事：

本作品创作目的是能够解决或改善现实问题。本组组员是由奋斗目标相同，且各有擅长的同学组成，创作过程中保持团结、相互帮助和鼓励是圆满完成作品的关键。

设计人：刘则玮（14010301）、张弛（13010237）、策力诺尔（13010304）

作品图片：

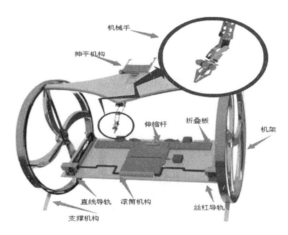

6.4　双臂装机搬运机器人

所在学院：机械工程与应用电子技术学院

作品名称：双臂装机搬运机器人

指导教师：王建华、刘志峰

展品编号：2016 - ECAST - 004

作品摘要：

一个可自主移动的机器人,通过双臂机构不间断夹取包裹提高转运效率,并且与传送带相互配合工作实现装机的流水线化,同时在机舱内设置分拣子机整理货物,代替机场人工装机,提高装机效率并且保证货物的安全。

作品原理及特点：

机器人主要由双臂旋转机构,小传送带,底盘3个模块组成。双臂旋转机构可实现对货物的快速夹取,传送带可实现对货物的高效平稳转运,底盘可实现机器人自主移动。且机械臂可夹取的物体广泛,传送带搭接角度可调,可适应多种机场情况,具有一定市场价值。

作品背后的故事：

设计一件产品,首先要有明确目的,进而从目的着手提出合理的设计方案。在设计方案时团队的讨论与共同思考是很重要的,我们的方案是在不断争辩中获得灵感进而萌发出新的想法,才有了创新。而在设计过程中大家则需要脚踏实地,注重细节,心平气和地才能做出优秀的产品。同时这次设计此产品的过程更是让我深刻地体会到团队的重要,只有大家齐心协力才能取得最后的成功。

设计人：秦毓(14010428)、师若水(14010407)、李子旭(14010402)

作品图片：

6.5　图书整理君

所在学院：机械工程与应用电子技术学院

作品名称：图书整理君

指导教师：王建华、赵永胜

展品编号：2016 - ECAST -005

作品摘要：

图书馆是同学们经常光顾的场所，这里有丰富的学术资源，能够为同学们提供学习上的各种帮助，图书早已经成为同学们开阔视野，了解世界、社会的凭借，是我们的良师益友。很多同学在看完书后忘记此书的具体摆放位置，而管理员容易导致书的混乱，让下一位借书者不能快速甚至不能找到该书。这种事情长期出现，将会对图书馆的形象造成损失，也会影响同学们求知的欲望。单凭人力来解决这一问题，是费事又费时的，所以，图书整理机器人应运而生。

作品原理及特点：

我们设计的图书整理机器人，可以自动进行图书的识别、抓取、放置，实现图书的自动化管理。图书整理机器人识别部分主要利用条形码扫描器读取条形码来获取图书的位置信息。图书整理机器人机械部分主要由底部平台、升降柱、分书机构、抓书机构、推书机构五部分组成。

作品背后的故事：

从设计之初的无头苍蝇到后来找到一点方向，再到方案确定，正式开工，整个过程是在我们一次一次的讨论、一篇一篇的文献中获得的。直到作品的后期处理，上交成功，终于舒了一口气。

每一部作品的得来都是团队的努力和队友的扶持，这让我们相信：团队，就是我们的力量。

设计人：曹明广（13010214）、常斌（13010235）、刘智豪（13010419）

作品图片：

6.6　智能化飞轮储能科普展品

所在学院:机械工程与应用电子技术学院

作品名称:智能化飞轮储能科普展品

指导教师:董天午、孙树文

展品编号:2016 - ECAST - 006

作品摘要:

飞轮储能系统是一种机电能量转换的储能装置,充电时将外部的电能转化为高速、大惯性飞轮的动能,放电时又将内部存储的动能转化为所需的电能。该展品主要由飞轮、电动/发电机、真空泵、高强度玻璃罩以及智能化电力电子变换装置等组成,在增加互动性及趣味性的基础上,向观众宣传、普及飞轮电池基础知识。

作品原理及特点:

该展品将飞轮与电动/发电机做成相对分离形式,向观众清晰展示飞轮电池内部结构、原理。与化学电池相比,飞轮电池的比能量较高,尤其是比功率更大,可大大提高车辆的加速性能,同时,飞轮电池可免维护、寿命长、无污染,是未来电动汽车优质动力源之一。

作品背后的故事:

做一个项目,需要以清晰的步骤、阶段性的任务作为前提,以脚踏实地、全身心投入作为基础,以团队的软件、硬件设计能力为工具,才能做出符合要求、性能优良的作品。

设计人:黄杰(S201501009)、赵雅宁(12010310)、梅欣鑫(S201401097)、谢谋(S201401104)

作品图片:

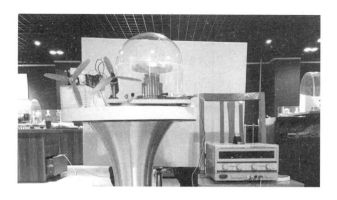

6.7 基于自组织神经网络的 **BOD** 智能检测仪表

所在学院:信息学部

作品名称:基于自组织神经网络的 BOD 智能检测仪表

指导教师:韩红桂、乔俊飞

展品编号:2016 - ECAST - 010

作品摘要:

作品运用基于 PSO - RBF 神经网络的软测量技术,从复杂污水处理过程运行数据中挖掘反应 BOD 浓度的动态信息,建立了 BOD 软测量模型,完成了 BOD 仪表软硬件及自动化平台设计,实现了检测功能,并在实际污水处理厂进行测试和应用。

作品原理及特点:

BOD 智能检测仪表包括 BOD 软测量模型设计及 BOD 仪表软硬件平台设计两部分。(1)BOD 软测量模型:该产品率先运用基于 PSO - RBF 神经网络的软测量技术,从复杂污水处理过程运行数据中挖掘反应 BOD 浓度的动态信息,建立 BOD 软测量模型,该模型不仅实现 BOD 的在线检测,还能预测 BOD 的未来变化趋势;(2)BOD 仪表软硬件平台:综合 BOD 检测仪表的性能和市场价值,在提高 BOD 检测质量的同时,选取适用的硬件设备(PC 机、各类数据采集探头、数据转换接口和显示仪等),进行设计和组装,完成了 BOD 软测量模型程序的编译、写入和调试,实现了 BOD 仪表的检测功能,并在实际污水处理厂进行测试和应用。

作品背后的故事：

团队主要研究智能计算及智能系统理论,开发智能仪器仪表,实现成果的推广和应用。作品主要攻克了 BOD 高精度及实时在线测量问题,其间我们精诚合作,以实际应用为出发点,以创新实践为动力,完成了作品研制。

设 计 人： 伍 小 龙 （S201202160）、周 文 冬 （S201302153）、张 一 弛（S201302119）、郭亚男（S201402114）、安茹（S201402121）

作品图片：

6.8　矿物搬运机器人

所在学院：信息学部

作品名称：矿物搬运机器人

指导教师：王瑞华

展品编号：2016 – ECAST – 011

作品摘要：

我们设计的识别机器人是基于 NI myRIO 的控制系统的移动机器人,可实现遥控运动,探测并识别、抓取目标物等功能,可实际应用于矿物的搬运,帮助人类在各种有毒、有害及危险环境下进行工作,既确保安全又提高了工作效率。

作品原理及特点：

1. 创作背景:作为一门高速发展的综合技术,移动机器人广泛地应用于工业制造、生活服务等领域,也可用于复杂情况下的工作环境,具有用途广泛、功能多样的特点;2.原理:自动识别摄像头所获取物体的图像,并且能将目标物体与周围环境区分开,然后通过机械手臂抓取目标物体。

作品背后的故事:

我们受国内外先进移动机器人的启发,考虑到矿物搬运的实际环境需求,在王瑞华老师的指导下,确立了小车的设计方案,并不断通过实践来优化调整算法,齐心合作完成了该作品。

设计人: 许灵(S201402228)、邓苑晟(14024137)、王建宇(14024120)、冯韬旭(14024133)

作品图片:

6.9 交通锥自动收放系统模型

所在学院: 信息学部

作品名称: 交通锥自动收放系统模型

指导教师: 袁颖、谢雪松

展品编号: 2016 – ECAST – 012

作品摘要:

该平台以积木块替代交通锥,由具有触控特性的串口屏进行人机交互控制,通过STM32作为主控板控制机械臂、电机和导轨之间的协调运动以模拟整个交通锥收放车收放交通锥的作业流程。

作品原理及特点：

该平台基于"自动锥筒收放控制系统"的科研项目,通过 ARM 开发板作为主控制板并嵌入 μC/OS(嵌入式实时操作系统)实时操作系统来编程实现各个环节的运动控制以及各传感器信号检测、各机械臂运动位置算法、码垛平面/层间位置算法;并通过触控人机界面编程来实现整个平台的人机交互控制,同时实时反馈整个系统的作业流程信息通过串口屏反馈给用户,从而达到模拟整个交通锥收放车收放锥筒的作业流程的目的。

作品背后的故事：

经过该项目的训练使我们了解了单片机及嵌入式操作系统的基础与应用,同时该平台以复杂机械运动控制系统的实际工程应用提高了我们的工程能力,拓展了专业知识,通过实际的实践来运用所学知识提高了我们的综合能力,并培养了我们的工程意识。

设计人：李棒(14023130)、李垚(14020036)

作品图片：

6.10　一种低温 SCR 成型催化剂

所在学院：环境与能源工程学院

作品名称：一种低温 SCR 成型催化剂

指导教师：李坚、何洪、梁文俊

展品编号：2016 – ECAST –014

作品摘要：

本作品采用挤出成型法制备蜂窝状催化剂,具有脱硝效率高,高活性温度区间大,抗硫性能优越等优点,现已成功应用于低温工业窑炉烟气脱硝,如焦化窑炉、玻璃窑炉、水泥窑炉、燃气锅炉等工业窑炉。

作品原理及特点：

SCR是世界脱硝市场的主流技术。它是向烟气中喷入还原剂NH_3,在催化剂作用下,与NO_x发生氧化还原反应,生成N_2和H_2O,使烟气无害化。本作品在160℃~400℃条件下保持90%以上的脱硝活性,目前已应用于宝钢湛江焦炉(世界首套焦炉脱硝)、山东药用玻璃等大型企业。

作品背后的故事：

2004年以来,我们团队在何洪教授、李坚教授带领下,明确分工,相互协作,共同致力于研究低温SCR催化剂抗硫性能与成型配方。研发出低温脱硝催化剂并实现工业化生产,大大提高催化剂低温抗硫性,目前仍在不断地探索。

设计人：张铁军（S201405132）、梁全明（B201405012）、曹子雄（S201505140）、蔡建宇（S201505069）、史蕊（S201505130）、李岳明（S201505139）、李水静（S201405152）

作品图片：

6.11 分段进水 SNAD 工艺处理晚期垃圾渗滤液

所在学院: 环境与能源工程学院

作品名称: 分段进水 SNAD 工艺处理晚期垃圾渗滤液

指导教师: 彭永臻

展品编号: 2016 - ECAST - 016

作品摘要:

分段进水 SNAD 工艺处理晚期渗滤液,进水 COD、TN 为 2050 mg·L-1.2005 mg·L-1 情况下,出水 COD、TN 为 407 mg·L-1.19 mg·L-1,总氮去除率达到 98%。

作品原理及特点:

晚期渗滤液 NH4 + - N 浓度高、C/N 低,很难采用传统生物脱氮方法处理。分段进水 SNAD 工艺在间歇曝气运行方式下,通过短程硝化和厌氧氨氧化两个反应过程处理晚期垃圾渗滤液,不仅充分利用了原水中的碳源,又可以节约 63% 的曝气量。

作品背后的故事:

冥思苦想的实验得到的结果经常会让人猝不及防,但我们彼此鼓励积极的接受任何结果,痛并快乐地前行。

设计人: 张方斋(S201405135)、王众(S201405144)

作品图片:

6.12　超市用环保节能蓄冷冰鲜装置

所在学院:环境与能源工程学院
作品名称:超市用环保节能蓄冷冰鲜装置
指导教师:刘忠宝
展品编号:2016 – ECAST – 017
作品摘要:

考虑蓄冷材料的热物性、疲劳性,设计最佳成分配比,确定蓄冷板内部蓄冷填充材料的组成与填充量。考虑蓄冷板与制冷系统的配合,其中包括蒸发器盘管的设计,盘管走向,加强传热所采用的方式,同时考虑压缩机和冷凝器的选取。根据实际的制冷效果及耗能情况考察系统的经济性。为了降低铺冰法造成的能源浪费,研究设计一种节能环保蓄冷冰鲜装置,使其在夜间利用较便宜的谷电价为蓄冷材料蓄冷,在日间释放冷量降温。本装置中的核心部分——蓄冷板可以替代底层铺设的厚冰。

作品原理及特点:

为了降低铺冰法造成的能源浪费,研究设计一种节能环保蓄冷冰鲜装置,使其在夜间利用较便宜的谷电价为蓄冷材料蓄冷,在日间释放冷量降温。本装置中的核心部分——蓄冷板可以替代底层铺设的厚冰。与厚冰相比,蓄冷板可以重复蓄冷、释冷,整套装置组装完毕投入使用后不需要大量的人工去维护,就可以达到在夜间蓄冷、在日间释冷、使被保鲜的产品上撒放的碎冰保持低温固体状态的目的,保证了水产品的新鲜度。让制冷设备晚上给蓄冷材料制冷,这样可以利用峰谷电价,为用户带来一定的经济效益。

作品背后的故事:

目前在我国各种大小型超市的海鲜水产品区,均采用铺冰法保证产品新鲜度,该种方法具体为在需保鲜产品底层铺设一层厚冰,并在保鲜产品上撒放碎冰。以这种方式对水产品进行保鲜,耗冰量、耗电量、制冰机器成本投入以及人工投入非常大。因为超市生鲜保鲜处的厚冰避免不了被水产品污染,所以厚冰需要每天更换,此过程中水资源消耗较大;另外超市自己用制冰机制冰,且制冰要求在很短时间内完成,所以制冰机功率较大,并且制冰机的维护以及厚冰的处理均需要投入较多的人力。就一个大中型超市来说,以家乐福为例,目前一天用于水产品冰鲜蓄冷纯净水需要 4 吨,全北京市像家乐福、沃尔玛、物美、美廉美、京客隆、天客隆、永辉这样的大型超市就约有 180 家,每天的耗水量为 720吨,每年的用水量为 262800 吨。而我们的装置,每天仅需消耗碎冰 0.5 吨,一个超市便可以节约 3.5 吨,如果按一个三口之家每年耗水量 180 吨计算,这套装置一年节约下的水资源为 229950 吨,这些水资源可以让 1000 个三口之家用 15个月。

设计人:秦晓宇、刘忠宝

作品图片:

6.13 冷凝热蓄热与热气旁通联合除霜的热泵装置

所在学院:环境与能源工程学院

作品名称:冷凝热蓄热与热气旁通联合除霜的热泵装置

指导教师:刘忠宝

展品编号:2016 – ECAST –018

作品摘要:

　　研究一种利用相变蓄热材料实现相变蓄热除霜。设计一种创新型蓄热除霜装置,实现在除霜过程中对室内房间温度影响小,显著缩短除霜时间,提升室内环境舒适度。并通过一系列的实验验证系统的可靠性。

　　作品原理及特点:

　　采用压缩机排气热量蓄热用于除霜的技术,制热时压缩机排出的高温高压的制冷剂进入室内机,仅利用很少的一部分热量储存于蓄热器中,在系统循环中实现正常制热和蓄热。系统进入化霜模式后,制冷剂先进入室外机,通过电子四通阀的流向切换,使制冷剂进入蓄热器中,蓄热器成为制冷循环的蒸发器,让制冷剂吸收热气化,之后再回到压缩机吸气口,如此循环构成蓄热除霜循环。化霜过程将蓄热器中相变蓄热材料蓄积的热量用于除霜,提高热能利用效率,使除霜不必切换制冷模式,不再只是依靠压缩机做功获得热量。

　　设计人:张倩倩、刘忠宝

　　作品图片:

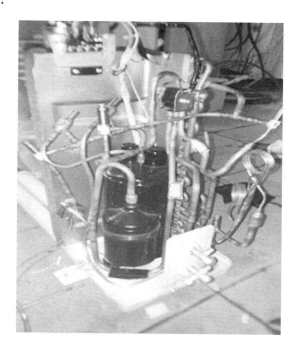

6.14　感应式智能恒温水杯

所在学院:应用数理学院

作品名称:感应式智能恒温水杯

指导教师:周劲峰

展品编号:2016 – ECAST – 019

作品摘要:

一款使用高效率低功耗感应加热的智能恒温水杯,以便随时随地可以喝上恒温的热水。

作品原理及特点:

该项目使用成熟的高频感应加热原理,重新设计电路后,加热效率从30%左右提升到了85%以上,并且利用该原理加热水杯,使其在极低功耗的加热条件下让水恒温在50℃左右。本智能水杯和杯座可以用手机 APP 绑定闹钟,以便在任何时间饮用温水。同时,杯座可以使用 USB – typeC 接口进行供电,方便接驳各类支持 QC3.0 的充电器。

作品背后的故事:

设计这款作品最早的目的是方便实验室的同学们可以随时喝热咖啡,于是我们团队就对感应加热进行了研究,并且设计了第一款作品。

设计人:邵泽群(10061114)、吕晨亮(11101124)、李佳晨(11056307)

作品图片:

6.15　等离子扬声器

所在学院:应用数理学院

作品名称:等离子扬声器

指导教师:周劲峰

展品编号:2016 – ECAST – 020

作品摘要:

这是一个高保真等离子扬声器,依靠高压放电产生的电离通道维持等离子体的不断形成,通过信号的脉宽调制实现利用等离子体对空气加热后的"骤冷"产生压力波,继而产生声音。

作品原理及特点:

等离子扬声器是一种独特的扬声器,相对普通扬声器存在由于振膜共振而产生的谐波杂音,等离子扬声器正是为了克服普通扬声器的这一弊病而设计的。本项目旨在设计一款基于电弧扬声器的高保真蓝牙音箱,兼具电离空气的净化作用与等离子体优秀的声学表现。

作品背后的故事:

该作品设计初衷是增强现有音响的高频表现,团队为之付出了两年多的努力,现在已经初步产品化。

设计人:邵泽群(10061114)、吕晨亮(11101124)、李佳晨(11056307)

作品图片:

6.16　新型太阳能磁悬浮电机

所在学院:应用数理学院

作品名称:新型太阳能磁悬浮电机

指导教师:王吉有

展品编号:2016 – ECAST – 021

作品摘要:

利用 12 面太阳能板进行供电,通电线圈切割由强磁铁提供的磁场,从而产生了安培力,安培力再"推动"整个电机转动。

作品原理及特点:

传统电机有磨损生热,使用寿命短。所以想到了磁悬浮技术与电机技术的相结合的方法。我们的创新点就在于,运用了更接近于圆形转子的 12 面太阳能板;此外,我们还尝试把提供磁场的磁铁放进转子内,使得电机更实用。

作品背后的故事:

绕线方法很难搞懂,并联太阳能板焊接点不牢固导致电机总是转不起来。但我们没有放弃调试,终于距参赛还有不到 10 小时的时候成功了。

设计人:张幼东(13061201)、张旭(13061219)、汤赞(13061226)

作品图片:

6.17 一种 SDN 架构下的异常流量检测实现

所在学院:信息学部

作品名称:一种 SDN 架构下的异常流量检测实现

指导教师:刘静

展品编号:2016 – ECAST –022

作品摘要:

本作品利用 SDN 架构的集中统一控制等特点,实现流量实时监控,采用定义差分方差变化率为测度在接入层检测异常流量,以及采用统计学多元统计分析算法在链路中发现接入层漏检的异常流量,通过控制器和 OpenFlow 交换机实时通信,下发策略到 SDN 交换机端口进行限速和阻止伪造源地址,实现了网络层 DDoS 攻击的检测和防御。

作品原理及特点:

目前 DDoS 的检测算法多应用于攻击的目的端,本作品利用 SDN 的优势获取网络状态,通过源 IP 地址防伪,基于差分方差的接入层异常检测,基于多元统计分析的链路流量异常检测,构建一个多层 DDoS 防御体系,实现攻击在源端的检测和防御。

作品背后的故事:

团队由信息安全专业 4 名本科生组成,在作品的完成过程中团结协作,获得 2015 年全国大学生信息安全竞赛二等奖。

设计人:张世轩(12072206)、杨盼(12072102)、付天怡(12072104)、何运(12072127)

作品图片:

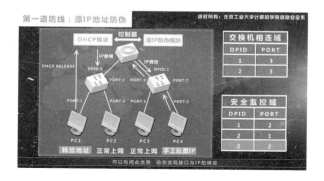

6.18　DeepStone

所在学院:信息学部

作品名称: DeepStone

指导教师:冀俊忠

展品编号:2016 - ECAST - 024

作品摘要

DeepStone 是一款多功能围棋人机对弈软件,能够进行 9 路、13 路和 19 路对弈,具有完善的交互界面。首先,DeepStone 利用深度学习中的卷积神经网络(DCNN)并结合蒙特卡洛树搜索(MCTS)实现了围棋人机对弈。同时,Deep-Stone 也是一款棋谱记录软件,它不仅能够对棋谱文件进行读写,而且用户能够在特定棋局状态下自主模拟走子,方便围棋爱好者研究棋局。另外,DeepStone 也是一个基于深度学习的实验测试平台。它能够设计生成多种不同的数据集以训练 DCNN,对弈过程中能够实时显示 DCNN 对棋局的评估结果,从而观察 DCNN 的性能。

作品原理及特点

围棋是计算机博弈中具有很大趣味性和挑战性的项目。与传统的蒙特卡洛树搜索方法不同,DeepStone 通过类比人类棋手对弈时的思考方式,将对弈问题转化为模式识别问题,继而利用深度学习中的卷积神经网络来评估可能走棋的位置。为确保评估的准确性,DeepStone 通过静态结合蒙特卡洛树搜索来验证卷积神经网络的评估结果,从而挑选评分最高的作为下一步走棋。

作品背后的故事

DeepStone 本起源于北京工业大学的一个研究生科技基金项目,后在导师冀俊忠教授的指导下发展成为一个以深度学习为框架的围棋人机对弈测试平台。该软件获得第九届全国计算机博弈锦标赛围棋项目一等奖(亚军)、第十届全国计算机博弈锦标赛 9 路围棋项目一等奖(冠军)、13 路围棋项目一等奖(冠军)、围棋项目一等奖(亚军)。

设计人

张旗(S201407100)、张兆晨(S201407011)

作品图片：

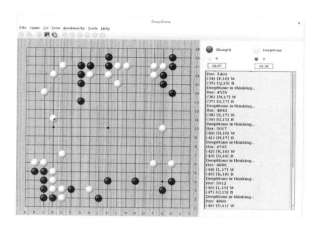

6.19 古画互动展示平台

所在学院：信息学部

作品名称：古画互动展示平台

指导教师：马伟

展品编号：2016 – ECAST – 025

作品摘要：

本作品为一个面向中国古画的交互式展示平台，通过计算机技术为古画设计高趣味性的虚拟展示环境，给观众带来沉浸式体验。该平台已经应用在故宫端门数字展厅。

作品原理及特点：

我们响应国家和故宫博物院文化宣传的要求，以中国古代名画《韩熙载夜宴图》和《清明上河图》为对象，设计并完成了一个沉浸式互动展示平台。该平台提供了超高清古画数字画面，便于用户欣赏画中细节；采用3D技术增强古画画面的真实感，提供给观众沉浸式体验；通过软件算法、硬件优化等策略实现实时计算与呈现，以及与观众的交互。

作品背后的故事：

基于故宫各位领导以及我院技术团队精益求精的不懈追求与努力，故宫端门《数字长卷》项目几易其稿，最终达到了"艺术展示 + 文化体验"的古画展示效果,收获了极佳的用户体验。

设计人:成聪鑫(13072201)、刘硕(11070205)、杨璐维(10070403)、赵明(11070216)、王求元(12073234)、孙安澜(14071013)、杨宇辰(13570202)、梁喆赟(14071126)

作品图片:

6.20 自动算番麻将桌

所在学院:信息学部
作品名称:自动算番麻将桌
指导教师:张文博、包振山
展品编号:2016 – ECAST – 027
作品摘要:

本作品应用图像识别原理,借助于嵌入式平台,设计并实现了针对国标麻将牌的自动算番系统。该系统包括图像采集模块、图像处理和识别模块、人机交互模块,可以用于实现自动计算麻将"和牌"时的番型(组成的牌型)和番数。

作品原理及特点:

本作品使用嵌入式开发技术搭建起图像识别/算番/结果展示平台。该平台应用于国际麻将牌比赛中,可根据赛制规则自动判断牌型和番数。该平台有效地实现了对麻将比赛监控过程的数字化处理,有助于未来进一步提升其竞技水平。

作品背后的故事：

曾获第十一届"博创杯"嵌入式设计大赛三等奖，赛后又在界面友好性、算法精细度、实现效率等方面进行了优化。

设计人：邓雅文（13070124）、杜仑（12070414）、崔巍（13070004）、张晓宇（13070122）

作品图片：

6.21　Android 手机安全卫士

所在学院：信息学部

作品名称：Android 手机安全卫士

指导教师：赖英旭

展品编号：2016 - ECAST - 028

作品摘要：

伴随网络环境的日益成熟和业务应用的蓬勃发展，移动智能终端功能日益强大并被广泛使用，成为人们日常生活中必不可少的部分。但是移动应用尤其是在线应用的飞速发展，同时滋生了大量的安全隐患：恶意扣费、隐私泄露、病毒木马等严重问题。针对这些问题该作品从9方面入手对手机提供全方位的保护，这9个模块分别为手机防盗，通讯卫士，软件管理，进程管理，流量统计，手机杀毒，缓存清理，高级工具和设置中心。其中比较核心的功能为手机杀毒。

作品原理及特点：

伴随网络环境的日益成熟和业务应用的蓬勃发展，移动智能终端功能日益强大并被广泛使用，成为人们日常生活中必不可少的部分。但是移动应用尤其是在线应用的飞速发展，同时滋生了大量的安全隐患：恶意扣费、隐私泄露、病毒木马等严重问题。该作品中手机杀毒模块基于单个权限、权限组合对恶意应用进行检测，旨在精确地查杀对用户不利的恶意应用，提高手机的安全性。

作品背后的故事：

在团队组建的初期，我们对 Android 开发以及 Android 底层的知识都比较欠缺，在赖英旭老师的指导与鼓励下，我们的 Android 开发能力有了很大的提高，尤其是对 Android 安全方面的知识有了更深入的了解。为了提高恶意应用的检测准确度，我们一次次地做实验，每有一点点提高，我们都很兴奋，在学习的同时我们也收获着喜悦与欢乐。

设计人：张骁敏（S201407113）

6. 22　智能社区规划

所在学院：信息学部

作品名称：智能社区规划

指导教师：张文博

展品编号：2016 - ECAST - 030

作品摘要：

本作品利用物联网、云计算和移动互联等新型信息技术，遵循低碳环保的构建理念，应用 3D - MAX 设计并构建了未来智慧社区及智能家居的管理理念，从而形成基于信息化、智能化社会管理与服务的新型管理模式的社区，为居民提供一个安全、舒适、便利的生活环境。

作品原理及特点：

本作品综合各类新型信息技术，设计并构建了智慧社区及智能家居服务的管理模式。同时，通过在设计中增加风帽、水循环系统、太阳能与风能发电的设计方案，实现了社区内部建筑物能源的"零消耗"和居民用水的循环使用。

作品背后的故事：

综合各种新型信息技术基础上，本作品运用 3D - MAX 设计完成了解决方案。已在全国"挑战杯"竞赛中获得三等奖。

设计人:姬庆庆(13073229)、王轶伦(12610117)、陈楠(13072110)、杨祎(13070213)、鄂有君(14071226)

作品图片:

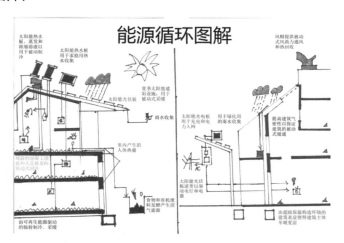

6.23 基于人眼安全的桌面小型化光纤激光打标机

所在学院:激光工程研究院

作品名称:基于人眼安全的桌面小型化光纤激光打标机

指导教师:王璞

展品编号:2016 – ECAST – 033

作品摘要:

使用低功率激光对工件进行局部照射,使表层材料气化或发生颜色变化的化学反应,通过控制激光在材料表面的路径,在塑料、皮革、木板、纸张、金属上刻文字、符号和图案等。适用材质基本上为市面上可见的各种金属与非金属材料。

作品原理及特点:

许多产品的制造都会经历从"量产"到"大规模生产",再到"个性化定制生产"三个阶段。激光打标在各种个性化 DIY 工艺,即小型礼品和工艺品店、装饰企业、手机配饰等领域有极广泛的市场。

随着科技发展,光纤激光打标机越来越被青睐,其优点非常明显:一体化设计、寿命长、光束质量好、光斑精细等。

市面上的光纤激光打标机体积大、价格高,工作波段主要以 1.06 微米为主,而 400~1400 微米波段内的激光会对人眼视网膜造成永久性损伤。因此我们准备自主搭建一台基于 1.5 微米波段人眼安全的小型化桌面光纤激光打标机。

激光器部分采用 1.5 微米直接调制半导体激光光源作为种子源的 MOPA 系统,获得脉冲宽度、重复频率可调的脉冲激光输出。机械结构部分参考 FDM 型 3D 打印机的机械结构。具有人眼安全、桌面小型化、低成本等特点。

作品背后的故事:

市面上的打标机体积大、价格高,工作波段主要以 1.06 微米为主,会对人眼视网膜造成永久性损伤。因此我们准备自主搭建一台基于 1.5 微米波段人眼安全的小型化桌面光纤激光打标机。本项目的工作是在导师王璞教授的悉心指导下完成的,在制作过程中,得到了王老师的大力支持以及技术上的指导。同时也感谢各位师兄师姐的帮助与支持。

设 计 人:侯玉斌(B201413012)、周心悟(S201513040)、郭昊东(S201513019)、齐恕贤(S201513048)、徐岩(S201513026)

作品图片:

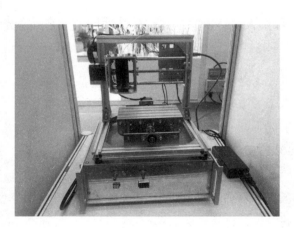

6.24 三维打印指导左心耳封堵器设计

所在学院:生命科学与生物工程学院

作品名称:三维打印指导左心耳封堵器设计

指导教师：常宇

展品编号：2016 - ECAST - 034

作品摘要：

依据患者CT图像，利用Mimics17.0对患者左心耳及左心房进行三维重建，经Freeform对表面光滑处理后，借助Magics19.0抽壳、切割获得完整的左心耳模型，并通过三维打印制作实体模型。

作品原理及特点：

心房纤维颤动是最常见心律失常，房颤发生时，左心耳口失去有效的规律收缩，易导致左心耳处血栓形成，血栓脱落容易引发脑卒中。为预防心源性卒中，设计适应不同形态左心耳的特性化封堵器，依据患者CT图像，对左心耳进行三维重建，并利用三维打印技术制作出指导封堵器设计的实体模型。

作品背后的故事：

本作品用于了解左心耳的生理结构、辅助设计适应不同形态左心耳的特性化封堵器。我们的团队成员包括博士生、研究生和本科生，在作品设计制作过程中，我们遇到的困难主要在于切割时左心耳入口位置的确定以及左心耳口直径和面积的确定，但后续通过查阅文献，与临床医生沟通交流，这些问题都得到了较好的解决。

设计人：石悦（B201415005）、付天翔（S201515048）、关美玲（14101123）、王先玉（114101125）

作品图片：

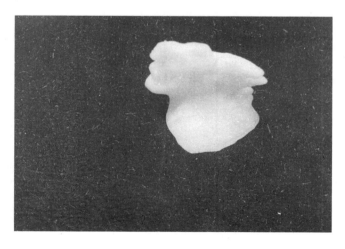

6.25　基于便携式拉曼光谱仪的快速检测

所在学院:生命科学与生物工程学院

作品名称:基于便携式拉曼光谱仪的快速检测

指导教师:郑大威、张萍

展品编号:2016 – ECAST – 035

作品摘要:

此作品基于自主研发的便携式拉曼光谱仪,光束通过测试样品,将所获得的光信息转化为普通拉曼光谱图,用于进行不同领域物质的无损快速检测,现场获得准确结果。

作品原理及特点:

快速检测是当代食品和生物医学领域面临的亟须解决的重要问题。本作品基于表面增强拉曼光谱效应原理,通过便携式光谱仪器,可实现食品中"三聚氰胺"等非法添加物、不同致病菌和细胞的无损快速检测,现场获得检测结果。

作品背后的故事:

市场现有检测仪器具有耗时长、操作复杂以及损害样品等问题,急需操作简便的快速检测仪器的出现。实验中遇到生物样品培养条件的特殊性、数据处理方法的选择等困难,在指导老师郑大威和张萍的悉心指导下,通过大量文献调研以及成员的规范实验操作,获得准确结果。

设计人:刘晓莹(S201515063)、苏蓝(S201315027)、唐鉴(S201415066)、刘梅卿(12103112)、曹智(14104108)

作品图片:

6.26 胎心监护仪

所在学院:生命科学与生物工程学院

作品名称:胎心监护仪

指导教师:吴水才、宾光宇

展品编号:2016 – ECAST – 036

作品摘要:

此产品用嵌入式单片机 MSP430 作为控制器,经过 ADS1298 模拟前端采集母体腹部和胸部信号,经过处理后,交给蓝牙模块并无线传输给电脑端显示母体和胎儿心电波形。

作品原理及特点:

此产品可以检测胎儿心电和母体心电,用处理器 MSP430 和 ADS1298 模拟前端、蓝牙模块端组成,其通过标准 12 导连线采集母体腹部和胸部心电数据,交给 MSP430 处理提取出胎儿心电,然后经过蓝牙模块传输给电脑端显示。有小巧、易携带、无创检测等优点。

作品背后的故事:

市场上超声检测胎儿心电有一些弊端,比如不能实现 24 小时检测,超声波会对胎儿发育有不良影响,急需新的胎儿监护系统。在我的指导老师宾光宇和吴水才的悉心指导下,克服了各种困难,终于完成了仪器的设计,使我学习到很多东西。

设计人:袁延超(S201515052)

作品图片:

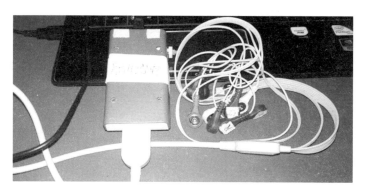

6.27　多环嵌套式大型可升降立体灯光交互展示系统

所在学院:信息学部

作品名称:多环嵌套式大型可升降立体灯光交互展示系统

指导教师:李蔚然

展品编号:2016 - ECAST - 039

作品摘要:

随着科技的进步,人们越来越追求科技与艺术的结合。为了满足人们的审美需求并建设艺术化城市,我们制作了"多环嵌套式大型可升降立体灯光交互展示系统"。

作品原理及特点:

多环嵌套式大型可升降立体灯光交互展示系统以艺术化城市为创作理念,融合了材料学、软件工程等多方面知识,将传统的工业原件与现代化艺术相结合,同时加入了交互功能。不但有很强的观赏性,还可以随意改变灯光的颜色、表现方式,圆环的排列形状也可随意更改,有较强的互动性。

作品背后的故事:

在作品创作开始的时候,我们曾经为桁架、升降电机以及 LED 线路等问题考虑了很久,由于预期成果的体积偏大,所以很多实验时得出的结论并不适用。好在团队成员同心协力,同时得到了研究生学长的大力帮助,很多一开始无从下手的问题最终都得到了解决。不得不说,没有团队的帮助就不会有这项作品的成果。

设计人:崔天舒(14081205)、李天宸(14081207)、侯毅(15081103)、张子涵(15081201)、宋彭婧(15081207)

作品图片:

6.28　交叉结构大型立体灯光展示系统

所在学院:信息学部

作品名称:交叉结构大型立体灯光展示系统

指导教师:李蔚然

展品编号:2016 – ECAST – 040

作品摘要:

随着科学技术的发展,人们在追求生活品质的同时越来越注重周围环境中的艺术成分。为了满足现代社会对艺术的追求,我们制作了这个富有结构感的交叉结构大型立体灯光展示系统。

作品原理及特点:

交叉结构大型立体灯光展示系统以将艺术融入生活为理念,以建筑、软件工程等多方面知识为支撑,将鸟巢结构与灯光艺术相结合,不但有很强的观赏性,还可以通过改变搭建结构或改变灯光颜色、表现方式来达到多种艺术效果。

作品背后的故事:

在制作交叉结构大型立体灯光展示系统时,我们曾经为如何搭建作品的结构思考了很久。灯管由于其特殊的材质和结构难以使用传统的榫卯结构。最后我们定做了许多有固定角度间隔小孔的不锈钢球,通过球上的孔来固定灯管。在制作过程中还遇到了许多细节上的问题,不过通过团队成员们的努力,最终完成了这个作品并且取得了相当好的表演效果。

设计人:崔天舒(14081205)、李天宸(14081207)、侯毅(15081103)、张子涵(15081201)、宋彭婧(15081207)

作品图片:

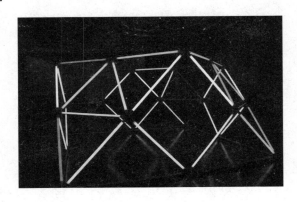

6.29　基于 Cocos2d-x 的酷跑游戏

所在学院:信息学部

作品名称:基于 Cocos2d-x 的酷跑游戏

指导教师:廖湖声

展品编号:2016 – ECAST – 041

作品摘要:

此游戏是一款目前比较流行的酷跑风格的游戏,共有春夏秋冬四个场景,可以让人们体验不一样的酷跑乐趣。

作品原理及特点:

目前 Cocos2d-x 游戏引擎如日中天,借此机会我们基于该引擎设计并开发了一款可跨平台的酷跑风格的 2D 游戏,该游戏主要有四种不同的场景,通过击杀怪物、遇到道具、吃掉金币来完成游戏,让人们体验不一样的乐趣。

作品背后的故事:

我们的目的是通过开发游戏的过程增强动手实践的能力,团队共 5 人,我们根据不同人的特点及擅长的领域,合理安排分工。

设计人:李瑞楠(S201525061)、张嘉伟(S201525043)、闫蕾(S201525002)、

俄新宇(S201525074)、黄珊珊(S201525094)

作品图片:

6. 30　四轴飞行器

所在学院:信息学部

作品名称:四轴飞行器

指导教师:任柯燕

展品编号:2016 – ECAST – 042

作品摘要:

本项目采用开源的 APM(Ardupilot – Master)飞控,通过对电机的控制来完成四轴飞行器的飞行姿态的控制,包括垂直、俯仰、偏航、水平等基本运动状态及 GPS 返航。同时通过地面站的协作可实现更多功能的实现以及飞行器状态的监测。

作品原理及特点:

四旋翼飞行器的控制原理是,当没有外力且重量分布均匀的时候,四个螺旋桨共速转动,在悬桨拉力大于整体重量时,飞行器上升,当拉力与整体的重量相等时,飞行器保持悬停。当一个方向收到向下的外力时,当前方向的马达加快转速来抵消外力,使飞行器保持水平。当向前飞行时,前方的马达减速,后方马达加速,这样飞行器向前倾斜,对应也向前飞行。同样,向左、向右、向后也是通过这样的方式就可以控制飞行器向想要控制的方向飞行了。通过 APM 飞控调整电调传给马达的电流,从而调整转速,以达到控制飞行器姿态的目的。通过平衡算法,控制飞行器在空中遭遇气流后不稳定的情况,从而保持平稳飞行。同时,开源的飞控也为后期附加功能提供了方便的功能。另外,多通道的遥控器也可以使飞行器切换不同模式。

作品背后的故事:

在完成这个项目的过程中,我们遭遇了很多困难。其中对本项目影响最大的还是在调节 PID 参数的时候的坠机事件。由于电池电量不足以及警报参数错误,在自稳调节 PID 参数的时候,导致无人机空中逻辑错误,致使螺旋桨半空当机,于 4 米空中摔下。所幸除螺旋桨损坏外无其他人员财产损失。

设计人:李中元(15080121)、齐昊辰(14043102)、金涛(15080212)

作品图片:

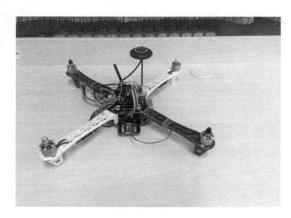

6.31　基于 ZYNQ 的立体化环境多机协调系统

所在学院:信息学部

作品名称:基于 ZYNQ 的立体化环境多机协调系统

指导教师:黄樟钦、李达

展品编号:2016 – ECAST – 043

作品摘要:

我们所研究的项目,旨在实现并提供一套校园物流运输最后一公里的解决方案。

作品原理及特点：

我们利用 ZedBoard 与 STM32 开发板，并配合图像识别、GPS 导航定位、多机协同和蔽障等技术，通过机械臂，智能快递车与快递无人机间的相互协调与配合，共同来实现我们校园物流运输最后一公里的方案设计。

作品背后的故事：

我们所研究的项目，旨在实现并提供一套校园物流运输最后一公里的解决方案，即解决大学校园中物流不能直接到达最终目的地问题。在组建团队的时候，因为工作量的缘由，成员由起初的四位扩展到了六位同学。在项目中移植操作系统与 Opencv 的时候遇到了很多未知问题，通过上网查资料，逛论坛，请教导师的方式成功解决。项目初期的计划与可行性分析是十分重要的，前期规划得当有助于后期项目的顺利实施。

设计人：刘丙骑（13080018）、刘家俊（13080035）、陈子豪（13080007）、王政飞（13080008）、王世豪（13080025）、李旦（13081115）

作品图片：

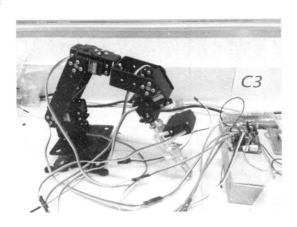

6.32　基于 ZYNQ 的环境检测电子鸽

所在学院：信息学部

作品名称：基于 ZYNQ 的环境检测电子鸽

指导教师：黄璋钦、贺国平

展品编号：2016 – ECAST – 047

作品摘要：

本项目根据智能互联的主题，结合当前北京空气质量问题，构建出一套适用于家庭和个人用户的空气质量检测系统。利用无人机搭载传感器对生活环境进行空气质量检测，并将相关数据传回，在移动端进行显示。

作品原理及特点：

设备以 Zedboard 为主开发板，由 SD 卡启动，利用 AQI 模块、SI 温湿度模块收集原始数据，利用 GPS 模块提供定位信息。之后，通过 ZedBoard 与传感器相连，对数据进行内部处理，删掉无用信息，筛选有效信息，并使其具有统一格式，从而得到直观的空气质量与地理信息。通过数据传输模块，Zedboard 将通过分析处理后得到当前空气质量情况传回手机，并在异常发生时发出警报。作为完整空气质量检测互联体系中的独立节点，项目支持独立电源供电，且原创外观设计极力追求清晰、简洁、可扩展，结合飞机、智能车等载体，能够在智能互联领域中创造无限可能。

作品背后的故事：

2015 年发生的天津爆炸事件引起了人们的广泛关注。在反省安全意识的同时，我们也需要考虑如何在危险发生时，利用微型设备探测到有用信息来避免更多的牺牲。而且，随着现代工业文明不断发展，现代化建设节奏越来越快，也引发了很多环境污染问题，比如，不同楼层的居住环境有何区别，工厂四周的污染情况如何定点监测，等等。随着物联网技术的蓬勃发展和手机及便携式智能终端的普及率越来越高，这些问题都可以得到解决。本项目就是将多种技术相结合，构建一套基于 ZYNQ 的传感器物联网监测技术的空气质量监测体系。

设计人： 张本（13080012）、郑爱玉（13080001）、张馨洁（13080012）、张锐（13080016）

作品图片：

6.33　锥形可交互光敏灯光展示系统

所在学院：信息学部

作品名称：锥形可交互光敏灯光展示系统

指导教师：李蔚然

展品编号：2016 – ECAST – 130

作品摘要：

随着人们对周围环境中科技感、艺术感以及科学、艺术产品交互性要求的提高，同时符合以上条件的科技作品成了当今社会的热点。为了满足人们对审美及交互性的需求，我们制作了锥形可交互光敏灯光展示系统。

作品原理及特点：

锥形可交互光敏灯光展示系统以交互性为首要原则，为用户提供了很大的创造空间。作品由三条灯带组成，每条灯带上有 70 个锥形灯，锥形灯的芯片上有光敏电阻，当灯受到的光照强度发生明显变化时，电阻值会变小，锥形灯亮起并伴有音效。一台锥形灯亮后会带动周围的锥形灯呈涟漪状亮起。用户可用手电筒任意照射锥形灯，或将灯带摆放成任意形状，以达成不同的效果。

作品背后的故事：

在制作锥形可交互光敏灯光展示系统时，我们曾为电路板的设计讨论了很多方案，最初的设计板子加入了电池供电，导致其过于厚重，锥形灯发光效果不好，经过考虑后才选用了连线供电，不但保证了灯组照明时间，还提升了最终效果的美观程度。

设计人：崔天舒（14081205）、宋彭婧（15081207）、侯毅（15081103）、张子涵（15081201）、李天宸（14081207）

作品图片：

6.34　基于多模式个体出行感知的
公共自行车网点布设方法与系统

所在学院：城市交通学院

作品名称：基于多模式个体出行感知的公共自行车网点布设方法与系统

指导教师：边扬、翁剑成

展品编号：2016 – ECAST – 048

作品摘要：

建立一个新的公共自行车布设方法，用出行者个体感知的真实数据作为布设依据，给出关于网点布局、网点布设位置、锁车器数量的布设方法。

作品原理及特点：

为促使短距离出行向绿色方式的回归，将多元数据与公共自行车网点布设相结合，识别出公共自行车出行潜力区域，建立公共自行车网点布设体系标准，开发公共自行车网点布设系统，实现了基于大规模出行数据特征的公租自行车站点布局和规模设计，为无公共自行车区域的站点设计提供了重要方法和工具。

作品背后的故事：

本项目旨在通过对公共自行车网点的规划，使人们短距离机动化的出行方式向绿色出行方式回归，缓解交通问题，创造可持续发展的出行环境。

设计人：张甜甜（13046113）、张金萌（13046124）、田鹤（13046120）、马思雍

（13046107）、彭震东（13080126）

作品图片：

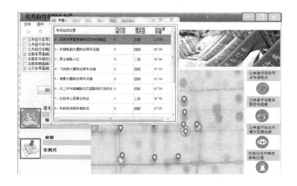

6.35　面向停车资源优化的智能地锁开发与应用

所在学院：城市交通学院

作品名称：面向停车资源优化的智能地锁开发与应用

指导教师：孙立山

展品编号：2016 – ECAST – 049

作品摘要：

本研究在停车现状调查的基础上，开发了一套基于互联网共享技术的智能地锁设备及其交互系统。

作品原理及特点：

智能地锁设备可实现车位位置、停车时长等信息向互联网交互系统的实时反馈；互联网交互系统可通过智能手机实现停车费的在线交易；依托网络云平台的智能地锁可结合停车位周边商业信息，提供服务类信息推送等增值服务。

作品背后的故事：

我们巧妙地设计了光敏电阻对智能地锁打开、关闭状态进行判断，并将信息传输至互联网平台共用户交互使用。

设计人：汪威翰（13046111）、翟博锐（13046108）、李书鹏（13046110）、刘国鹏（13046112）、郑一新（13046125）

作品图片:

6.36 平面交叉路口大型车辆右转内轮差防范安全体系研究

所在学院:城市交通学院
作品名称:平面交叉路口大型车辆右转内轮差防范安全体系研究
指导教师:张智勇
展品编号:2016 – ECAST – 050
作品摘要:

交叉口是行人交通安全事故多发区域,其中大型车辆右转是导致事故的重要原因之一,其根本原因是由于行人或自行车误判大车转弯内轮差半径的差异造成的。内轮差即车辆转弯时内前轮转弯半径与内后轮转弯半径之差。研究通过选定典型大型车类型,计算不同转弯半径,得到理论模型,并选取实验场进行实验,最后,总结规律得到危险区域的范围,并做出实物模型。通过对危险区域的标线设计,有助于完善交通规划标准、提高交通设计水平、加强交通安全性。

作品原理及特点:

1.选定代表性大型车辆类型进行分析;2.计算不同转弯半径,得到理论模型;3.选取实验场地进行试验根据所得数据,租赁大型公交车进行现场实验;4.提出道路功能的新设计方案;5.实物建模在得出上述数据之后,建立实物模型,更加直观地展示大型公交车右转弯带来的影响。包括:利用纸板制作平面交叉口模型,绘制道路标线等。创新点:1.使用典型车辆进行实验验证。将各种模型进行回归比较,探寻出最佳模型。2.根据平面交叉路口与其交通设施和实验数据,提出了内轮差危险区设计方法,警惕行人和非机动车辆,从而大大减少大型车辆转弯事故问题。

作品背后的故事:

在制作实物模型时,更换了三种不同的材料表现内轮差区域范围,最终得到一个满意的效果时,每个人都觉得很欣慰。只要不放弃,自己的努力总有一天会有收获,让自己感到骄傲和自豪。

设计人:刘安迪(13046123)、贾欣然(13046102)、李迎植(13371307)、张海韵(13104134)

作品图片:

6.37　生态敏感区桥面径流收集与处理装置

所在学院:樊恭烋学院

作品名称:生态敏感区桥面径流收集与处理装置

指导教师:崔有为

展品编号:2016 – ECAST – 052

作品摘要:

本处理装置在混凝沉淀和离子交换的工艺基础上,进行结构创新设计和集成并加以自动控制,使其能够适应无人值守的工作条件和复杂多变的气候,达到高效去除桥面径流中SS、COD、重金属等污染物的目的。

作品原理及特点：

跨生态敏感区的新疆伊犁河大桥是本装置的应用对象,通过一期调研摸清了径流中污染物组分和排污规律,并在二期研究了最佳的处理工艺。该装置使用混凝沉淀和离子交换的原理,由沉砂池、投药装置、絮凝池、斜管沉淀池、离子交换器、消毒池和污泥池组成。该装置的与众不同之处在于其独特的结构设计,使装置体积大大减小,并且高度集成和自动化。

作品背后的故事：

本装置的设计初衷在于环境保护,尽量减少人类活动对生态敏感区的影响,整个项目的实验部分与机械设计部分工作量都很大,对于初学者的困难也很多,所以我们采取分工合作的方式,短期内取得较大进展。在创新过程中我们集思广益,在大胆想象又不失周全的考虑后,才能保证成品是安全可靠的。

设计人：方钰文(15053301)、冉登宇(15027301)、相辰橦(15118103)、张奥博(15030401)

作品图片：

6.38 体感遥控机器人

所在学院：实验学院

作品名称：体感遥控机器人

指导教师:黄静

展品编号:2016 – ECAST – 053

作品摘要:

本作品基于体感技术,实现了简单地以肢体动作对机器人的遥控。

作品原理及特点:

体感交互是一种更贴近自然的人机交互方式,利用 Kinect 的体感技术可以识别人类身体的多处骨骼点,根据骨骼点坐标位置的变化,从而判断人的肢体动作,将结果转换成指令信息发送给人形机器人,达到可以实时控制机器人的效果,使机器人能够完成与人类一样的肢体动作。

作品背后的故事:

1. 创作目的:提出一种新颖的基于体感技术的机器人控制方式;2. 团队组建情况:在黄静老师的指导下,完成了选题及人员编队;3. 制作过程中主要克服了芯片的硬件故障及 Kinect 与机器人的通信问题。

设计人:李佳芪(12570213)、董醒儒(12570227)

作品图片:

6. 39 基于 **Kinect** 的人体姿态识别与仿真

所在学院:实验学院

作品名称:基于 Kinect 的人体姿态识别与仿真

指导教师:张文利

展品编号:2016 - ECAST - 054

作品摘要:

实现基于 Kinect 的人体动作识别,包括建立骨骼模型,完成空间坐标点的标定,并实现基于硬件实验平台(机械臂)的仿真。

作品原理及特点:

由 Kinect 内建算法识别骨骼数据,建立人体模型,Kinect 深度摄像头作为传感器来获取景深数据,通过骨骼追踪技术处理景深数据来建立三维坐标系,由此识别人体动作,采用常见的六自由度机械臂为被控对象,以 Kinect 作为传感器来获取景深数据,通过骨骼追踪技术处理景深数据来建立人体各个关节的坐标,将各关节的坐标转化为十六进制的控制命令,并计算出相应关节的转动角度和相应的 PWM 脉宽,以此实现对机械臂的体感控制。

作品背后的故事:

我们的研究主要是基于人体识别技术,作为三大体感平台之一的 Kinect 今后拥有广泛的使用前景。在研究中,也曾遇到许多问题,包括 Kinect 的识别误差,Kinect 与机械臂之间的数据传送问题,最后使用了 Arduino 实现了串口连接。

设计人:王雨桐(14570218)、贺连堃(13521312)、刘雨阁(14570105)、靳苑(14521119)

作品图片:

6.40 手势路径控制智能车

所在学院:实验学院

作品名称:手势路径控制智能车

指导教师:张文利

展品编号:2016 – ECAST – 055

作品摘要:

该作品是通过手机 APP 进行远程控制智能小车,可以实现通过绘画的手势路径命令来控制智能车进行移动。

作品原理及特点:

1. 创作背景:传统的远程方向控制不能自定义路径,我们想实现一种自由度更高的控制方法;2. 原理:手势识别,路径转化;3. 创新点:手势规划路径,路径优化算法。

作品背后的故事:

我们创作的目的是希望以后能应用在汽车上,因为更加方便更加安全。目前团队的成员都是非常热爱这个作品的实现,并且能力都很强。遇到的困难有许多,我们都是共同协力解决的。

体会:个人的力量不能撑起团队,团队的力量大于所有成员个人力量的总和。

设计人:贺连堃(13521312)、马一辰(14521301)、王雨桐(14570218)、袁磊(14521129)

作品图片:

6.41　六轴飞行器

所在学院:实验学院

作品名称:六轴飞行器

指导教师:张文利、王卓峥

展品编号:2016 – ECAST –056

作品摘要:

基于市场需求、政策决议设计的航拍、主视角驾驶用六旋翼无人飞行器。

作品原理及特点:

本无人机为满足市场对航空遥感的需求,以六轴飞行器为空中平台,通过机载遥感设备获取信息、计算机进行图像处理。全系统集成遥测、视频影像微波传输和计算机影像信息处理等技术。

作品背后的故事:

六轴飞行器创作用于航拍及主视角驾驶。团队由三人组建,在指导老师的带领下,目标一致,技能互补,分工明确。

设计人:马英轩(13521308)、颜啸(13521308)、皮雨稞(15521107)

作品图片:

6.42　校园自行车回收与利用项目

所在学院:经济与管理学院

作品名称:校园自行车回收与利用项目

指导教师:单晓红

展品编号:2016 – ECAST – 059

作品摘要:

"好神骑"校园自行车回收再利用项目旨在解决大学校园废弃自行车滞留荒废问题。项目通过对废弃自行车资源回收再利用,将翻新的自行车用于提供免费自行车线上租用服务。好神骑自行车团队将项目的目标市场主要定位在有极大需求的学校,同时涉及周边社区及政府机构等。具体项目有线上免费租车、推广;线下举办骑行、自行车比赛等活动。线上线下相结合的方式既解决了身边的实际问题避免资源浪费,又服务同学及社区居民,同时响应了环保出行的号召增加了各校骑友间的交流。本团体不同于其他自行车组织或公司:本团体将发展为"社会企业"以商业运作模式获得的企业盈利又贡献给社会即校园。

作品原理及特点:

项目旨在解决大学校园废弃自行车滞留荒废问题,将废弃自行车资源回收再利用提供免费自行车线上租用服务。线上免费租车、推广;线下举办骑行、自行车比赛等活动。本项目创新点在于车辆来源为废弃无主自行车;开发了基于 GPS 系统的智能车锁扫码系统;基于平台衍生出各类环保骑行活动。

好神骑自行车团队通过与学校保卫处签署免费收取无主自行车协议,已实施对本校校园及周边社区废旧自行车的回收、翻新。项目以微信平台系统将翻新的自行车重回校园免费租给学生、老师使用。用户微信扫描二维码即进入平台开锁成功,后台可观察到 GPS 定位运行轨迹避免车辆丢失。项目通过线上微信平台的推广、微博、百度百科等平台进行大力宣传;线下已举办远骑、夜骑等自行车相关的运动活动(未来开展好神骑杯自行车比赛)进行推广。项目造血机制主要为开展线上线下的活动带来企业社会赞助,目前以喷漆张贴方式赞助宣传、未来将在车轮加 LED 灯并后台控制骑行带来商业宣传,政府学校支持与自我盈利(体旅结合经费、各校修车站点收入、二手车回收出售收入)。目前盈利由运动平台合作经费、商家赞助等。未来项目将在各大高校实施复制本校机制,项目扩展需一定融资支持。

作品背后的故事:

好神骑自行车团队已成立公司。未来项目将在各大高校实施复制本校机制,给更多的同学提供服务。好神骑自行车团队为解决大学校园及附近社区中的大量废弃自行车滞留荒废问题,并呼吁学生及居民环保出行、健康生活,同时加强各高校学生之间、学生与社区居民之间的交流互动提供服务。本团体未来发展为社会企业,一直以社会企业的模式发展。社会企业即透过商业手法运作,赚取利润用以贡献社会。项目所得盈余用于校园自行车文化建设、促进小区发展及社会企业本身的投资。团队重视给校园及社会带来的价值和福利。

设计人:孙洋洋(13110221)、向江林(13013108)、王冬蕊(13110217)、赵阳(13110203)、武宁(14013113)

作品图片:

6.43　融流

所在学院:建筑工程学院
作品名称:融流
指导教师:刘学春,夏葵
展品编号:2016 – ECAST – 063
作品摘要:

建筑位于蚌埠市区,北临淮河、东临龙子湖,水系环绕。淮河流域是中华文明的发祥地之一,淮河文化的发展脉络就像淮河水流一样,融而不阻。我们提取淮河水系融合流动的精神引入建筑形体,两条像水流一样的条带包裹着、保护着、打磨着蚌埠这块结晶。

作品中我们将人、建筑、自然如同淮河精神一样交流融合。城市园林时也提取了淮河精神与体育馆形体的流动形态,让景观与建筑呼应,也与淮河文化、体育精神环环相扣。

作品原理及特点:

我们提取淮河融合流动、融而不阻的精神引入建筑形体,两条像水流一样的条带包裹、保护、打磨着蚌埠这块结晶。体育馆采用凯威特联方型弦支穹顶结构,所有尺寸均经对比取优,采用先进的黏弹性隔减震支座,有利于稳定和减震。

作品背后的故事:

在比赛准备中,我们分工明确的同时又紧密相连,将建筑与结构融为一体;正如校训"不息为体、日新为道",我们借鉴传统的精髓,又融合独特的创造力;我们遇到太多困难,有过难过、有过发泄,却没有气馁、放弃,在老师的指导、团队的奋斗努力,逐一排查解决,不断上升团队和个人的能力,最终,为促进蚌埠市全民身体素质提高、全面发展,我们团队设计了"融流"体育馆。

这不是六个人的排列,而是一个团队的组合。

设计人:魏宁(13040123)、祁美蕙(13121122)、龙莹莹(13040429)、崔竞文(13024220)、甘硕儒(13043225)、陈茜(13123103)

作品图片：

6.44　萨伏伊别墅模型

所在学院：建筑与城市规划学院

作品名称：萨伏伊别墅模型

指导教师：王冰冰

展品编号：2016 – ECAST –075

作品摘要：

萨伏伊别墅大师作品分析模型。大二上学期鉴赏分析大师作品作业，利用PVC 瓦楞纸材料制作，从制作模型中学习大师的想法与建筑构想。

作品原理及特点：

萨伏伊别墅(The Villa Savoye)是现代主义建筑的经典作品之一，位于巴黎近郊的普瓦西(Poissy)，由现代建筑大师勒·柯布西耶于1928 年设计，1930 年建成，使用钢筋混凝土结构。这幢白房子表面看来平淡无奇，简单的柏拉图形体和平整的白色粉刷的外墙，简单到几乎没有任何多余装饰的程度，唯一的可以称为装饰部件的是横向长窗，这是为了能最大限度地让光线射入。

作品背后的故事：

在老师的指导下和大量查阅资料的情况下，简易复原了萨伏伊别墅的结构，帮助了解大师作品，提高自己对建筑的认识。

设计人:陈付佳(13121106)

作品图片:

6.45 建筑结构设计

所在学院:建筑与城市规划学院

作品名称:建筑结构设计

指导教师:黄培正

展品编号:2016 - ECAST - 079

作品摘要:

建筑结构设计

作品原理及特点:

高层建筑,建筑高度大于 27 米的住宅和建筑高度大于 24 米的非单层厂房、仓库和其他民用建筑。在美国,24.6 米或 7 层以上视为高层建筑;在日本,31 米或 8 层及以上视为高层建筑;在英国,把等于或大于 24.3 米的建筑视为高层建筑。中国《高规》(JGJ 3 - 2010)1.0.2 条规定 10 层及 10 层以上或房屋高度大于 28 米的住宅建筑以及房屋高度大于 24 米的其他高层民用建筑混凝土结构为高层建筑。

设计人:戈灿(12121106)、周小聃(12121117)、程丽(12121108)

作品图片：

6.46　"羽翼"大跨模型设计

所在学院：建筑与城市规划学院

作品名称："羽翼"大跨模型设计

指导教师：杨昌鸣

展品编号：2016 – ECAST – 080

作品摘要：

　　"羽翼"大跨模型设计根据世界建筑大师圣地亚哥·卡拉特拉瓦（Santiago Calatrava）的世贸中心中转站方案设计而来。

作品原理及特点：

　　圣地亚哥·卡拉特拉瓦 1951 年生于西班牙巴伦西亚市，先后在巴伦西亚建筑学院和瑞士联邦工业学院就读，并在苏黎世成立了自己的建筑师事务所。卡拉特拉瓦的重要贡献在于他所提出的当代设计思维与实践的模式。他的作品让我们的思维变得更开阔、更深刻，让我们更多地理解我们的世界。他的 作品在解决工程问题的同时也塑造了形态特征，这就是：自由曲线的流动、组织构成的形式及结构自身的逻辑。而运动贯穿了这样的结构形态，它不仅 体现在整个结构构成上,也潜移默化于每个细节中。

设计人:焦杨(S201312048)、王旭(S201312045)、李行言(S201312046)、郝文静(S201312043)

作品图片:

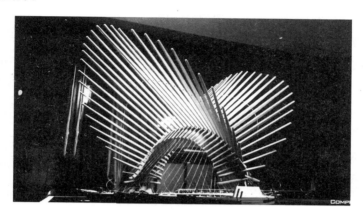

6.47　生长

所在学院:艺术设计学院

作品名称:生长

指导教师:孙大力

展品编号:2016 - ECAST - 081

作品摘要:

生长指液态金属或固态金属中生成的固相或新相微型质点(晶核)长大的过程。也指生物个体长度与重量的增长。《管子·形势》:"春夏生长,秋冬收藏,四时之节也。"有机物和无机物都有各自的生长方式,无论是意义和形态及过程都有不同。以承载文化因数及历史积淀的古瓷片作为"DNA",通过晶体结晶、3D 打印、大漆工艺方式,结合 3D 扫描技术生成具有现代意识的实验性产品。

作品原理及特点:

古旧陶瓷片,指的是 1949 年以前各种陶瓷器的破损体及碎片,1949 年以后的陶瓷片不在此列。中国的传统陶瓷历来在国际上享有盛誉,CHINA 在英语里就是瓷器的意思。既是历史存在的证明,又是中国灿烂文化的集中展示,可以说是中国文化的"DNA"。在中国广大地区存有大量、丰富、神秘的古旧瓷片,当然在这些旧陶瓷片中不乏珍品,如传说中的柴窑片、宋官窑、汝窑、哥窑片、洪武窑中的某些加彩陶瓷片等。这些残缺不齐的瓷片有着较高的研究意义,但同时作为碎片也可以看成是"无用之物"。延承"惜物"精神,秉承"匠人"之心,传承"设计"之法,探究传统元素再设计的可能性。

作品背后的故事:

感知手艺的薪火相传的精神,探寻新技术与传统手工艺间的平衡与促进,发现古今之间传达或穿越的时空之美。千辛万苦地收集瓷片,发现可以转化的瓷片形态,分别取材于江西景德镇、河北定窑等地,探讨各工艺制作,跨学科学习化学知识,等等。如"生长"主题一样,自我也在"生长"。

设计人:崔向前(S201435005)

作品图片:

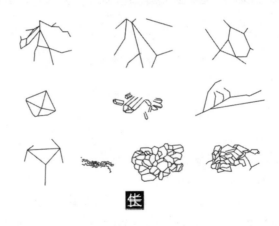

6.48 裸眼 3D 汽车广告

所在学院:艺术设计学院

作品名称:裸眼 3D 汽车广告

指导教师:吴伟和

展品编号:2016 - ECAST - 083

作品摘要:

裸眼3D汽车广告让人们在不佩戴3D眼镜的情况下也能观看裸眼效果,更有视觉冲击力。

作品原理及特点:

目前的广告形式都以二维平面效果为主,我们利用人眼的视差原理、运用裸眼3D技术把汽车广告做成裸眼3D的效果,它与传统广告不同的是,不佩戴3D眼镜也能观看裸眼3D广告效果,更具有视觉冲击力。

裸眼3D汽车广告是基于光栅3D显示器成像原理。光栅裸眼3D显示器是由光栅和2D显示器组合而成。其中,光栅的作用是对光线进行分光,控制光线传播的路径。裸眼3D广告内容是由8个不同视差画面的图像合成为一个画面,此时观众左右眼通过裸眼3D显示器可以看到不同视差的画面,利用人眼视差原理,观众能看到有空间信息的3D广告画面。

立体视觉效果是裸眼3D广告与传统广告最大的区别,观众要看到立体视觉效果的基础是具有正常的双眼视觉功能。人的双眼有同时视觉、融合功能和立体视知觉,三者之间相互联系,共同影响立体视觉效果的观看。裸眼3D广告打破了传统广告单一的图片、平面视频的广告形式,让广告在视觉效果更有立体感和冲击力,用这种强有力的冲击效果使广告作品的表现更丰富、更立体。裸眼3D广告摆脱了传统3D影片需要佩戴眼镜的束缚,这种优势越来越受到人们的关注和喜爱,为广告的表现注入了新的血液。

在传统二维广告中,用户观看到的广告是两个空间维度的视觉呈现,画面内容是平面的,没有空间维度信息的。相对于传统平面广告而言,裸眼3D广告使观众用肉眼就能看到广告空间维度的视觉效果。三维广告在视觉呈现上更加立体,更加震撼,更加吸引观众眼球。这种震撼且立体的视觉效果,有益于增加观众驻足观看的概率,加强广告的宣传效果。

作品背后的故事:

我们想把广告以一种新颖的形式展现出来,在创作过程中虽然我们遇到了很多技术难题,但是我们还是坚持下来——克服了,我们希望裸眼3D技术能够广泛地进入大众的视野,给人们带来视觉享受。

设计人:曾晨(S201535019)、熊夏洁(S201535003)、刘茗瑞(S201535005)

作品图片：

6.49　谧雨

所在学院：艺术设计学院

作品名称：谧雨

指导教师：李桦

展品编号：2016 – ECAST – 086

作品摘要：

以"谧雨"组合家具设计为例，介绍了联觉体验在家具形态上的运用。现如今体验者对家居产品的要求不再单纯满足以技术驱动为核心的设计，转而强调设计的感觉驱动性，更多的是满足综合感受体验的需要，更多的是想要实现家居产品与体验者的"对话"功能。在产品方案的设计中，有时产生形态的过程看似无规律可循，偶尔我们也无法用文字和语言去描述形成这种形态的灵感来源。而这种长期的视觉经验看似感性，其实蕴含着工作方法和规律。随着科技的进步，数字化技术手段改变着人们的生活。在某种程度上，其在家居设计专业中可以更好地提供各种形态模拟的生成方式，使家居形态设计呈现出更多的可能性。

作品原理及特点：

每个人都生活在从过去到未来的一个完整的时间里，各种记忆和信息被注入我们的基因中，人的记忆联系着世界上所有事物的形态、颜色、材料、经验，通过编辑这些记忆的载体，设计才得以实现，才获得了意义和感觉。

随着科技的进步，数字化技术手段改变着人们的生活。其在家具设计专业中可以更好地提供各种形态模拟的生成方式，使家具形态设计呈现出更多的可能性方案。

作品背后的故事：

每一件作品都有自己的内心，散发着温暖魅力的家具，是可以打动人心的，让使用的人怀着珍惜的心情使用，这一切平凡而欢愉。设计者尝试将雨滴打在玻璃上和透过布满雨滴的玻璃所见的不同景象以另一种作品表现方式呈现。

越是人们日常使用的家具用品，也许它就越贴近人们的生活。像阳光、空气和水一样普通。很自然地在那里，并不引人注意，却又默默地支撑着我们的生活。当你注意到它的时候，发现它早已融入你的生活，反差更能让人们在花花世界里舟车劳顿之后，审视内心……这是一个起点，而这种不经意就基于我们的生活……"它"在每个人的心里。

设计人：董影（12161113）

作品图片：

6.50　《虚拟世界》

所在学院：艺术设计学院

作品名称：《虚拟世界》

指导教师：吴伟和

展品编号：2016 – ECAST – 087

作品摘要：

《虚拟世界》在实现过程中以 Unity3D 为主，3DMax、Premiere、Photoshop 为辅完成创作。Logitech Camera、HTC VIVE 为采集、显示终端，Unity3D 实现虚拟现实系统画面输出、实时抠像计算、Kinect 运动数据调用，配合两台 PC 的数据同步，来最终贯通整个流程。

作品原理及特点：

1. 创作背景：目前虚拟现实与裸眼 3D 技术，均缺乏相应的成熟的显示内容，为解决这一问题进行创作；2. 原理：裸眼 3D 现实技术、虚拟现实技术、交互设计原理；3. 创新点《虚拟世界》以虚拟现实、裸眼 3D 显示、实时抠像为技术基础，一方面使用虚拟现实眼镜使体验者获得第一视角的沉浸式体验。另一方面进行实时抠像并将第三视角的虚拟场景通过 PC 与抠像所得到的真实人物进行实时合成，最终以裸眼 3D 的方式显示在裸眼 3D 显示器上，观看者无须佩戴任何设备便可以观看到 3D 效果。

作品背后的故事：

该作品的创建为了能够打通虚拟现实与裸眼 3D 之间的沟通，希望能够让体验者与观看者均能获得良好的视觉体验。在制作的过程用遇到了场景、代码等问题。

设计人：潘贺峰（12161314）、李志芳（12167312）

作品图片：

6. 51 Genesis

所在学院：艺术设计学院

作品名称：Genesis

指导教师：李健

展品编号：2016 - ECAST - 090

作品摘要：

Genesis 组赛车获得弹力方程式赛车最佳车辆设计奖、最佳品牌原创设计奖。

我们是 Genesis，我们车辆的设计亮点是可以伸缩的车体，这一设计点是基于不同赛道对车辆性能会有不同要求而来的。车辆的驱动方式依然是皮筋的扭转力。在前期头脑风暴的过程中，我们为了使车辆在不同赛道下都会有出色的成绩，想到了车体伸缩的方式来解决这一问题。

作品原理及特点：

我们是 Genesis，我们车辆的设计亮点是可以伸缩的车体。

这一设计点是基于不同赛道对车辆性能会有不同要求而来的。车辆的驱动方式依然是皮筋的扭转力。在前期头脑风暴的过程中，我们为了使车辆在不同赛道下都会有出色的成绩，想到了车体伸缩的方式来解决这一问题。

同样是扭转力，皮筋的股数以及长度的变化对皮筋发力效率都会产生影响，我们在皮筋扭转的基础上将其进行适度的拉伸来适应不同的赛道要求，因此，可以说这辆车的驱动方式是皮筋扭转力和拉伸力共同作用下的成果。

车辆的主体部分由两根不同长度的碳纤管套在一起组成，内管的一端安装有滑动卡位套在外管内部进行前后的滑动来调整车体长度。车体可调的长度分别为 300mm、380mm、480mm 三个状态，这三个长度的确定是根据前期的皮筋拉伸测试以及往届车辆长度作为参考而得出的。考虑到车体前后的配重问题，舵机和接收器的安装位置也是可以前后调整的。

车体伸缩后相应地要求前轮要有不同的轮距，因此，前轮的连接板也是可以进行左右调整的。我们的车就像变形金刚一样随时可以变身。

作品背后的故事:

关于品牌设计:我们是 Genesis,我们鼓励所有青年人做最好的自己,用行动力创造自己的未来。

Genesis 在中文里是创世纪的意思,一方面我们在车的设计中创新地加入可适应耐力赛和速度赛的拉伸装置,以提升车的整体成绩,希望在 FE 比赛中开创新的纪元。另一方面我们号召积极健康的生活,为此建立一个简单有趣的打卡机制(就像这张卡片)。把大家召集起来,当你坚持下来去做某件事的时候,我们会有一些小的礼物(像一些明信片、书签、笔记本)。

Genesis 想告诉每个人,每个人都应该做自己的太阳,每个人都应该创造自己的世界。

设计人:赵晓玉(12160518)、陈思琪(12160513)、霍莹(12160711)、罗曜

作品图片:

6.52　Infiniti concept

所在学院:艺术设计学院

作品名称: Infiniti concept

指导教师:李健

展品编号:2016 – ECAST – 091

作品摘要:

毕业设计基于三维形态设计研究的交通工具设计,完整体验了从纸模型到

草图推敲、到油泥推敲、到数字模型推敲到硬质模型推敲的三维形态推敲的过程。

作品原理及特点：

交通工具形态研究与基础形态造型研究有一定的相关性,在我院与德国汽车设计师合作的workshop(我院与宝马设计师的教学活动)中,我学到了形态创新和自主学习的方法,本次毕业设计是基于选择形态创新课程进行更深入的系统性的相关研究。

本次课题以纸的结构和材料属性进行研究,将通过纸的材料研究、纸的形态研究到提炼元素草图推敲、再到油泥模型推敲,逆向三维数字模型推敲到实物硬质模型推敲,结合英菲尼迪的品牌设计语言,这一完整的形态推敲流程方法进行研究。形态研究是基础形态研究到功能形态研究(交通工具形态研究)一次有意义的尝试,更多的是研究形态推敲的过程。

本次课题希望学生在这一过程中培养自主学习以及自主整合能力的自我提升,学生的知识领域得到全面的扩展。同时,建立以学生为主体的多领域国际交流学习平台,结合未来的相关教学活动,提供系统完整的案例。

作品背后的故事：

设计背景:2014年4月BMW宝马汽车设计师到我校举办workshop,工业设计系开展主题围绕"纸"为媒介做了形态的多种尝试。本次研究设计延续运用纸模型形态推敲的过程,完善workshop的设计内容和过程的推敲和形态的演变,结合日产高端品牌英菲尼迪完成毕业设计。

设计人：赵晓玉(12160518)

作品图片：

6.53　笋

所在学院:艺术设计学院

作品名称:笋

指导教师:张福文、杨漫

展品编号:2016 - ECAST - 096

作品摘要:

在这一系列银壶设计创作中,我以《笋》为主题,银为主要材料,结合中国传统手工艺创作出具有当代审美的银壶,并且具有一定的艺术价值。在工艺方面,也是对自己的一种全新的尝试,除了传统的手工锻造工艺方式以外,传统的大漆工艺、木工艺、铸造工艺等都运用其中,赋予创作理念更多的内涵和全新的生命力。

作品原理及特点:

最初想法来源于个人儿时的记忆有关。在我的童年时光里,每每到冬天和来年的春天我都会和我父亲去山里挖笋,在这个劳动的过程中,我与竹笋的零距离接触使我感受颇深。笋的生命力超乎我们的想象,有的在凝土的深层蓄势待发、有的在岩石层下顽强地生长着,就为了等待破土而出的这一刻,竹笋在那一瞬间注入了新的生命力,茁壮成长,完成自己的一个质变。

《笋》的一系列作品整体造型以流线型为主,夸张富有变化,韵律感强。该作品通过传统手工工艺与当代设计相结合,使作品既有了设计感,又有手工的痕迹。

以《笋》为主题,我把家乡的竹笋元素融入设计之中,希望带给人们一种积极的、乐观的、具有正能量的生命价值观。用不同的造型与表现形式来表达我对生命的理解。

作品背后的故事:

在工艺方面,也是对自己的一种全新的尝试,除了传统的手工锻造工艺方式以外,传统的大漆工艺、木工艺、铸造工艺等都运用其中,赋予创作理念更多的内涵和全新的生命力。

设计人:梁树菲(10161720)

作品图片:

6.54　纯

所在学院:艺术设计学院

作品名称:纯

指导教师:罗莉

展品编号:2016 - ECAST - 097

作品摘要:

传统文化的再设计是我们每一位设计师在当代应该做的事情,我通过选取传统窗和荷叶为设计元素,结合我国传统手工艺和现代设计理念进行一系列首饰创作,使首饰具有民族特色,又符合当下审美要求。

作品原理及特点:

窗在中国传统文化当中也是比较重要的一部分,莲花在中国古代就被人所引用,成为经典,寓意传承到现在。我想把传统窗与莲花元素结合起来,透过窗就能看见荷叶莲花,让人有一种宁静致远的至清至纯的心境。

整体造型窗以几何形体、荷叶以自然形态为主,通过窗与莲花元素相结合,使首饰更有中国韵味,使整体在形式上具有现代感。

作品背后的故事:

这一系列作品的完成,使我对中国传统文化更加着迷,在以后的创作中会继续对我国传统文化元素的提取。

设计人:梁树菲(10161720)

作品图片:

6.55　十字路口

所在学院:艺术设计学院

作品名称:十字路口

指导教师:张福文

展品编号:2016 – ECAST – 098

作品摘要:

《十字路口》是以梦想为主题创作的胸针首饰,设计元素从生活中选取,并以生后中与我们息息相关的题材进行再创作。十字路口的方向象征着我们年轻人追求梦想的无限可能,只要我们敢走出第一步,离梦想就更进一步。

作品原理及特点:

这一胸针我以交通道路交汇处的十字路口为灵感设计的首饰。十字路口的方向通向每一个地方,十字路口的每一个方向都有无限种可能,这就像我们年轻人在追求梦想时,有无数条路可以去走,每条路都可以完成我们的梦想,只要努力就有希望。当我们勇敢地去追求梦想,十字路口的每个方向都可以成为的起点和继续前行的方向。

作品背后的故事:

十字路口就像是我们人生当中的一个转折点,或是梦想的起点,或是梦想的延续……

设计人:梁树菲(10161720)

作品图片:

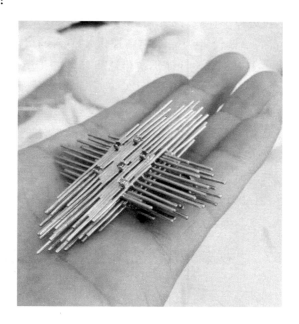

6.56　石屋负像

所在学院:艺术设计学院

作品名称:石屋负像

指导教师:张爱丽

展品编号:2016 – ECAST – 099

作品摘要:

街道微景观——乡村街道空间设计。

乡村街道边缘存在大量使用效率低下的空间,同时这些空间为乡村的街道公共生活优化提供了很好的机会,通过对该空间的设计,在保留现有街道空间功能上进行设计,使其更加的合理、美观、街道生活更加丰富。

作品原理及特点:

1. 创作背景:乡村街道边缘存在大量使用效率低下的空间且街道更新不能体现村子的特色,设计为乡村公共生活以及街道更新优化提供了一种新的可能,使村子更具特色,公共生活更加丰富。2. 原理:让多样化的公共生活回归街道。通过对街道的零散空间设计,使其恢复活力。3. 创新点:通过对村子常见元素文化石与桃木枝进行形体设计,为街道的墙体更新以及街道家具设计提供素材,通过对文化石的单体设计为墙体更新提供一种新的可能,回应墙体更新中粉刷墙体的事实。街道家具设计使街道生活重新回归街道,街道空间也变得更加丰富,同时也建立了村子新的文化。

作品背后的故事:

实际调研村子街道过程中,村民对街道的重新的设计充满期待,对我们提出的解决方案也充满肯定,积极地为我们分享村子的故事。桃木枝与文化石的选择也是在充分调研的基础上的选择。

设计人:宋林(12160912)

6.57 "视梦"概念品牌视觉形象设计

所在学院:艺术设计学院

作品名称:"视梦"概念品牌视觉形象设计

指导教师:李淳

展品编号:2016 – ECAST – 100

作品摘要:

从弗洛伊德的"释梦"视角,用视觉语言解读青年群体的社会焦虑,以达达主义风格诠释十二主题梦境,关注自我,思考成长。

作品原理及特点:

创作背景:概念品牌从青年社会焦虑群体梦境视觉化的展现入手,从另一个方面反映出他们在社会生活中的心理状态,使青年群体能关注自我,思考成长,同时引起社会的关注,给予他们更多帮助,从而缓解他们焦虑的生活现状。

通过建立"视梦 Browse the Dream"概念品牌,将青年群体社会焦虑的梦境转化为视觉元素,并进行视觉化的呈现,从另一个方面反映出他们在社会生活中的心理状态,并以品牌视觉形象的形式宣传和推广这一概念品牌。

首先针对青年社会焦虑群体和概念品牌视觉形象进行了一系列调研和设计分析,查阅和收集了弗洛伊德关于梦境的理论分析以及青年社会焦虑群体的日常生活现状,还对品牌视觉形象的定义、内容等做了进一步的了解,并对时下较流行的情感化设计品牌的视觉形象与用户群进行了分析,确定了本次设计风格定位。

品牌设计主要从青年社会焦虑群体的梦境视觉化展现入手,从弗洛伊德的"释梦"视角,用视觉语言解读青年群体的社会焦虑。通过前期的调查研究,将青年群体的社会焦虑梦境划分为十二大主题,分别是:赤身、童年、动物、飞翔、浸没、考试、追赶、迷路、坠落、束缚、死亡和性,并选择用拼贴的手法和达达主义表现风格来诠释这十二主题梦境。品牌视觉形象基础系统部分的设计将标志、辅助图形作为设计的主体,应用系统部分设计则将重点放在梦镜罐头、梦境解析手册、品牌介绍宣传册上,最终形成了一套较为完整的品牌视觉形象。

希望通过这个概念品牌设计,能够使得青年群体从独立的观点关注自己的内心,思考自己的内在成长,从而弱化、安抚本身可能产生的消极、焦虑的情绪。同时,也希望能够引起社会对青年社会焦虑群体更多的关注,给予他们更多的帮助。

作品背后的故事:

目的:关注和思考自己内在成长,弱化可能产生的消极、焦虑的情绪

困难:抽象梦境的视觉化展现

解决办法:与同学交流,了解主题梦境的视觉元素。

设计人:石梓洁(S201535011)

作品图片:

6.58　《唯墨》

所在学院：艺术设计学院

作品名称：《唯墨》

指导教师：胡安华

展品编号：2016 - ECAST - 101

作品摘要：

"唯墨"界面设计上汲取传统排版,字自上而下,行自右而左,用现代的设计方式回归古意,调动了用户学书情怀,符合学书者书写、阅读习惯等特点。

作品原理及特点：

创作背景及原理："唯墨"书法教育类 APP 在界面设计上和交互上打破了现有书法教育类移动应用现状。界面设计上突破常规,结合横竖排版,化繁为简,界面简洁优雅;交互上考虑到了书者阅读习惯和书写习惯,融合了自上而下、由右至左的交互方式;字体选择上吸取宋体之韵,颜色上以"浓、重、淡、清"为主,朱红点缀,不失古朴,又具现代美感。"唯墨"在功能方面除了字帖临摹、查询字体、入门指导、对比练字等基本功能外,关键的创新点是在学书的同时融入了分享交流的"社群功能",让学习书法不再感到枯燥乏味,"唯墨"在互联网时代对书法艺术的传播与传承有着积极的意义。书法学习类 APP 在未来的发展趋势中会更加智能化、人性化、情感化。能够根据不同的用户需求制定最适合的学书方式,为用户提供最佳的学书体验。此类应用的设计在版式上更加简洁,书法元素应用更为恰当;系统字体选用上可实现多种书法字体切换;颜色上的虚实变化与真实的墨在宣纸上一样丰富;交互方式更加灵活,满足真实的学书行为习惯。

作品背后的故事：

希望通过设计提高年轻人对书法的认识,让书法文化走近现代生活中,用现代的方式学习书法、传承传统文化精髓。

设计人：陈立忠(12160314)

作品图片:

6.59 混凝土家具设计

所在学院: 艺术设计学院

作品名称: 混凝土家具设计

指导教师: 李桦

展品编号: 2016 – ECAST – 102

作品摘要:

混凝土被广泛用于建筑领域,近年来随着混凝土技术的不断发展,混凝土开始被应用于产品和家具等各个领域。其材料廉价,容易获得,并可以回收再利用,是一种廉价环保的材料。混凝土可以任意造型,模具在常温常压下就可以进行浇筑,模具造价低廉,可以适应不同环境,符合批量生产的要求。本次毕业设计对混凝土材料在家具上的应用进行了深入的探讨,充分考虑混凝土的特性,努力克服混凝土在家具应用中存在的强度、质感等方面的问题,在将混凝土做得更薄、混凝土与其他材料结合等方面进行探索。

混凝土总家具是给人厚重敦实的感觉,我尝试将它做得更"轻薄",除了增加纤维材质增加其强度并降低密度外,两端薄中间厚的造型使它在视觉上更加"轻薄"。桌面的线和鱼目的是增加桌子的趣味,拉近以往"冷漠"的混凝土与人之间的距离,同时当灯落到线上时灯亮,拿起灯灭,线与灯形成互动。

作品原理及特点:

1. 创作背景:混凝土作为被广泛应用在家居领域,近年来人们开始在家具上应用;2. 原理:混凝一体浇筑家具;3. 创新点:使混凝土家具更"轻薄",灯与桌子的呼应。

作品背后的故事:

目的:混凝土在家具上的应用使得家具更"轻薄"

困难:模具的制作与混凝土的强度

解决办法:与老师,同学沟通交流,实验。

设计人:张博(12161513)

作品图片:

6.60 《立夏之约》

所在学院:艺术设计学院

作品名称:《立夏之约》

指导教师:王煜

展品编号:2016 – ECAST – 103

作品摘要：

本人想通过对现代都市女性生活的描绘,让整个画面给观众展现出一种整体色彩的和谐之美,给观者带来视觉上的愉悦和享受！同时又可以让观者对现代水墨人物画有一定的体验和感受。

作品原理及特点：

在我的创作中,我想通过对现代都市女性生活的描绘,让整个画面给观众展现出一种整体色彩的和谐之美,给观者带来视觉上的愉悦和享受,同时又可以让观者对现代水墨人物画有一定的体验和感受。由于个人对女性人物的创作兴趣及对水墨色彩的敏感,尤其喜欢和谐舒适的色彩搭配,更享受它带给我的美的感受。因此,创作了作品《立夏之约》。在生活中,我带着这种对美的热爱去寻找和发现那些吸引我的事物,去体悟我创作和表现的过程。这便有了使我想在创作上去追求并达到一个对于人物表现和整体色彩搭配、运用和把握上的极致的愿望。

作品表现了在夏天,现代都市女性安逸、悠闲、享受的生活状态,从左到右每张作品表现的主题依次为喝茶、化妆、插花、约会。本人想通过对现代都市女性生活的描绘,让整个画面给观众展现出一种整体色彩的和谐之美,给观者带来视觉上的愉悦和享受！

作品背后的故事：

希望通过对现代都市女性生活的描绘,让整个画面给观众展现出一种整体色彩的和谐之美,给观者带来视觉上的愉悦和享受！

设计人:李瑾(12161008)

6.61　近场耦合干扰抑制片抑制性能测量系统

所在学院:材料科学与工程实训室

作品名称:近场耦合干扰抑制片抑制性能测量系统

指导教师:王群、唐章宏

展品编号:2016 – ECAST – 129

作品摘要：

随着电子产品朝着高频化、集成化、微型化等方向发展,带来严峻的电磁兼容问题,近场耦合干扰抑制片是一种有效的抗电磁干扰的复合材料,对噪声电流的减小、噪声路径之间耦合的降低和噪声辐射的抑制有极大作用,广泛用于电子产品当中,因此,近场耦合干扰抑制片抑制效果及性能的研究具有重要意义。根据国际 IEC 标准中近场耦合干扰抑制片抑制性能的测量方法,研究了各种方法的测量原理,搭建了材料同、异侧去耦比和传输功率损耗比的测量系统。设计出合适的天线尺寸并制作环形天线,通过两环形天线模拟噪声源和受扰设备,测量干扰抑制片的同、异侧去耦比,利用微带线测量干扰抑制片的传输功率损耗比,使用 HFSS 仿真软件进行建模仿真来指导实验,并验证实验的正确性。

作品原理和特点:

近场耦合干扰抑制片具有柔性、超薄、应用频率范围宽、易裁剪、贴装方便等特点。近场耦合干扰抑制片抑制性能的主要表征方法有同、异侧去耦比和传输功率损耗比。同、异侧去耦比测量方法用于测量耦合线或电路板一侧或两者之间放置干扰抑制片耦合衰减能力,通过利用一对环形天线来产生射频磁场和检测磁通量,将环形天线放在同一平面上,电磁噪声抑制片与此平面平行或垂直放置,矢量网络分析仪连接两个天线,测量空载和放置样品后两天线的传输参数,通过比较两个传输参数就能表征材料的去耦能力。采用内外导体材料为铜、绝缘层为聚四氟乙烯的半刚性同轴电缆制作环天线,将半刚性同轴电缆弯曲成直径为 7mm 的圆环,在外导体相交处焊接相连,环天线的一端接 50Ω 的匹配负载,另一端连接矢量网络分析仪,在馈电点对面开一个 0.5mm 的小缝隙,环天线的适用频率为 100MHz ~ 3GHz。传输功率损耗比测量方法是通过安装干扰抑制材料来测量沿着 PCB 板或其他噪声路径来测得传导电流噪声的衰减,反映了干扰抑制片减小传输线中射频噪声电流的能力。将微带线与矢量网络分析仪连接,干扰抑制片放在微带线测试台上,测量出传输参数和反射参数,根据相关公式计算出材料的传输功率损耗比。

作品背后的故事:

由于近场耦合干扰抑制片能有效的抑制电子设备中电磁耦合,且在实际应用中方便广泛、制备工艺简单,具有较好的发展前景。根据实验室国家重点研发计划高速磁浮车载电子系统可靠性关键技术研究的项目要求,需要制备出插入损耗达到 8dB 的近场耦合抑制材料,建立抑制材料性能的评估方法。本次项目借助于科技基金平台、依托于电磁防护与检测实验室搭建了近场耦合干扰抑制片抑制性能测量系统。其中的难点是采用半刚性同轴电缆制作环天线,但在导师王群教授和唐章宏副研究员的指导下,天线理论不断加强,电磁波知识增强,使得环形天线的制作顺利完成。通过此次科技基金活动,收获较多,强化了自身的学习和动手操作能力,也明白了只有不断的学习才能更好的开展研究。

设计人:廖丽(S201609144)

作品图片:

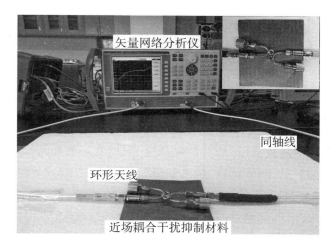

图 1　去耦比测量图

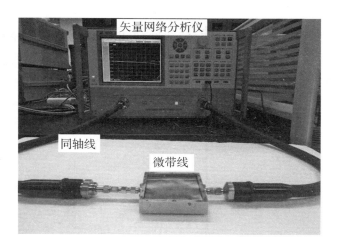

图 2　传输功率损耗比测量图

结　语

北京工业大学科技节以"展科技创新之光,助青春梦想起航"为主题,旨在"展示风采,启迪智慧,激发创新,放飞梦想"。截止到2016年,依托科技节的平台,共计举行名家风采讲坛、博硕士风采论坛500余场,各类特色活动500余场,科技成果展展出科技成果近500件,辐射师生50000余人,新闻报道500余件。科技节成为展示我校师生科技创新成果的大舞台,每年均汇集百余件作品亮相科技成果展。展望未来,学校将继续以科技节为平台,以学生科技实践创新带动人才培养模式的改革,点亮智慧之灯、激发创新灵感,做科学精神的传承者、做学生成长的领路人。

感谢为北京工业大学科技节及本书编写做出贡献的老师、同学!